사물인터넷, 빅데이터 등 스마트 시대 대비!

정보처리능력 향상을 위한－

최고효과

기초탄탄 계산법

10권 | 분수와 소수의 곱셈

기초부터 탄탄하게
G 기탄출판

계산력은 수학적 사고력을 기르기 위한 기초 과정이며,
스마트 시대에 정보처리능력을 기르기 위한 필수 요소입니다.

사칙 계산(+, −, ×, ÷)을 나타내는 기호와 여러 가지 수(자연수, 분수, 소수 등) 사이의 관계를 이해하여 빠르고 정확하게 답을 찾아내는 과정을 통해 아이들은 수학적 개념이 발달하기 시작하고 수학에 흥미를 느끼게 됩니다.

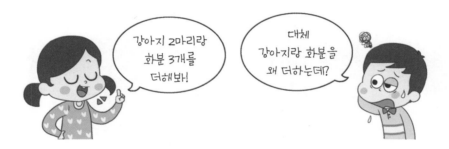

위에서 보여준 것과 같이 단순한 더하기라 할지라도 아무거나 더하는 것이 아니라 더하는 의미가 있는 것은, 동질성을 가진 것끼리, 단위가 같은 것끼리여야 하는 등의 논리적이고 합리적인 상황이 기본이 됩니다.

사칙 계산이 처음엔 자연수끼리의 계산으로 시작하기 때문에 큰 어려움이 없지만 수의 개념이 확장되어 분수, 소수까지 다루게 되면, 더하기를 하기 위해 표현 방법을 모두 분수로, 또는 모두 소수로 바꾸는 등, 자기도 모르게 수학적 사고의 과정을 밟아가며 계산을 하게 됩니다. 이런 단계의 계산들은 하위 단계인 자연수의 사칙 계산이 기초가 되지 않고서는 쉽지 않습니다.

계산력을 기르는 것이 이렇게 중요한데도 계산력을 기르는 방법에는 지름길이 없습니다.

❶ 매일 꾸준히
❷ 표준완성시간 내에
❸ 정확하게 푸는 것

을 연습하는 것만이 정답입니다.

집을 짓거나, 그림을 그리거나, 운동경기를 하거나, 그 밖의 어떤 일을 하더라도 좋은 결과를 위해서는 기초를 닦는 것이 중요합니다.

앞에서도 말했듯이 수학적 사고력에 있어서 가장 기초가 되는 것은 계산력입니다. 또한 계산력은 사물인터넷과 빅데이터가 활용되는 스마트 시대에 가장 필요한, 정보처리능력을 향상시킬 수 있는 기본 요소입니다. 매일 꾸준히, 표준완성시간 내에, 정확하게 푸는 것을 연습하여 기초가 탄탄한 미래의 소중한 주인공들로 성장하기를 바랍니다.

이 책의 특징과 구성

❖ 학습관리 | – 결과 기록지

매일 학습하는 데 걸린 시간을 표시하고 표준완성시간 내에 학습 완료를 하였는지, 틀린 문항수는 몇 개인지, 또 아이의 기록에 어떤 변화가 있는지 확인할 수 있습니다.

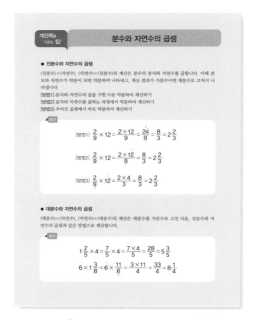

❖ 계산 원리 | 짚어보기 – 계산력을 기르는 힘

계산력도 원리를 익히고 연습하면 더 정확하고 빠르게 풀 수 있습니다. 제시된 원리를 이해하고 계산 방법을 익히면, 본 교재 학습을 쉽게 할 수 있는 힘이 됩니다.

❖ 본 학습

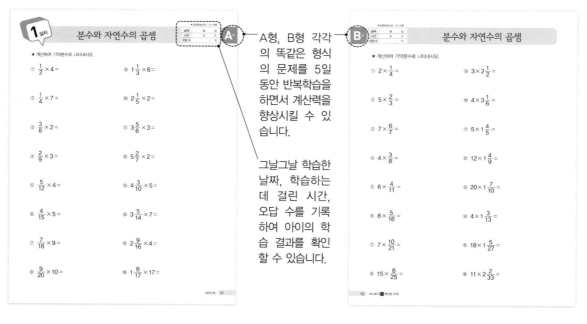

A형, B형 각각의 똑같은 형식의 문제를 5일 동안 반복학습을 하면서 계산력을 향상시킬 수 있습니다.

그날그날 학습한 날짜, 학습하는 데 걸린 시간, 오답 수를 기록하여 아이의 학습 결과를 확인할 수 있습니다.

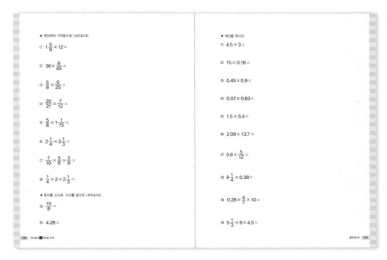

종료테스트

각 권이 끝날 때마다 종료테스트를 통해 학습한 것을 다시 한번 확인할 수 있습니다.
종료테스트의 정답을 확인하고 '학습능력평가표'를 작성합니다. 나온 평가의 결과대로 다음 교재로 바로 넘어갈지, 좀 더 복습이 필요한지 판단하여 계속해서 학습을 진행할 수 있습니다.

정답

단계별 정답 확인 후 지도포인트를 확인합니다. 이번 학습을 통해 어떤 부분의 문제해결력을 길렀는지, 또한 틀린 문제를 점검할 때 어떤 부분에 중점을 두고 확인해야 할지 알 수 있습니다.

최고효과 기초탄탄 계산법 전체 학습 내용

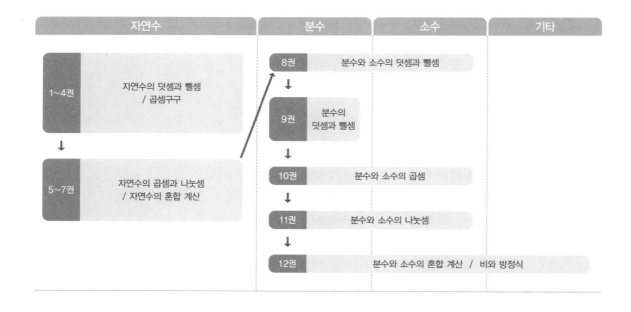

자연수	분수	소수	기타
	8권 분수와 소수의 덧셈과 뺄셈		
1~4권 자연수의 덧셈과 뺄셈 / 곱셈구구	9권 분수의 덧셈과 뺄셈		
5~7권 자연수의 곱셈과 나눗셈 / 자연수의 혼합 계산	10권 분수와 소수의 곱셈		
	11권 분수와 소수의 나눗셈		
	12권 분수와 소수의 혼합 계산 / 비와 방정식		

최고효과 기초탄탄 계산법 권별 학습 내용

권장 학년 초1

1권 : 자연수의 덧셈과 뺄셈 ①		2권 : 자연수의 덧셈과 뺄셈 ②	
001단계	9까지의 수 모으기와 가르기	011단계	세 수의 덧셈, 뺄셈
002단계	합이 9까지인 덧셈	012단계	받아올림이 있는 (몇)+(몇)
003단계	차가 9까지인 뺄셈	013단계	받아내림이 있는 (십 몇)-(몇)
004단계	덧셈과 뺄셈의 관계 ①	014단계	받아올림·받아내림이 있는 덧셈, 뺄셈 종합
005단계	세 수의 덧셈과 뺄셈 ①	015단계	(두 자리 수)+(한 자리 수)
006단계	(몇십)+(몇)	016단계	(몇십)-(몇)
007단계	(몇십 몇)±(몇)	017단계	(두 자리 수)-(한 자리 수)
008단계	(몇십)±(몇십), (몇십 몇)±(몇십 몇)	018단계	(두 자리 수)±(한 자리 수) ①
009단계	10의 모으기와 가르기	019단계	(두 자리 수)±(한 자리 수) ②
010단계	10의 덧셈과 뺄셈	020단계	세 수의 덧셈과 뺄셈 ②

권장 학년 초2

3권 : 자연수의 덧셈과 뺄셈 ③ / 곱셈구구		4권 : 자연수의 덧셈과 뺄셈 ④	
021단계	(두 자리 수)+(두 자리 수) ①	031단계	(세 자리 수)+(세 자리 수) ①
022단계	(두 자리 수)+(두 자리 수) ②	032단계	(세 자리 수)+(세 자리 수) ②
023단계	(두 자리 수)-(두 자리 수)	033단계	(세 자리 수)-(세 자리 수) ①
024단계	(두 자리 수)±(두 자리 수)	034단계	(세 자리 수)-(세 자리 수) ②
025단계	덧셈과 뺄셈의 관계 ②	035단계	(세 자리 수)±(세 자리 수)
026단계	같은 수를 여러 번 더하기	036단계	세 자리 수의 덧셈, 뺄셈 종합
027단계	2, 5, 3, 4의 단 곱셈구구	037단계	세 수의 덧셈과 뺄셈 ③
028단계	6, 7, 8, 9의 단 곱셈구구	038단계	(네 자리 수)+(세 자리 수·네 자리 수)
029단계	곱셈구구 종합 ①	039단계	(네 자리 수)-(세 자리 수·네 자리 수)
030단계	곱셈구구 종합 ②	040단계	네 자리 수의 덧셈, 뺄셈 종합

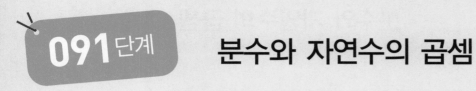

091 단계 분수와 자연수의 곱셈

● 결과 기록지

① 1~5일차 학습에 걸린 시간을 각각 재서 그래프에 점을 찍습니다.

② 점과 점을 연결하여 기록의 변화를 확인합니다.

③ 오답 수를 세어 오답 수 칸에 씁니다.

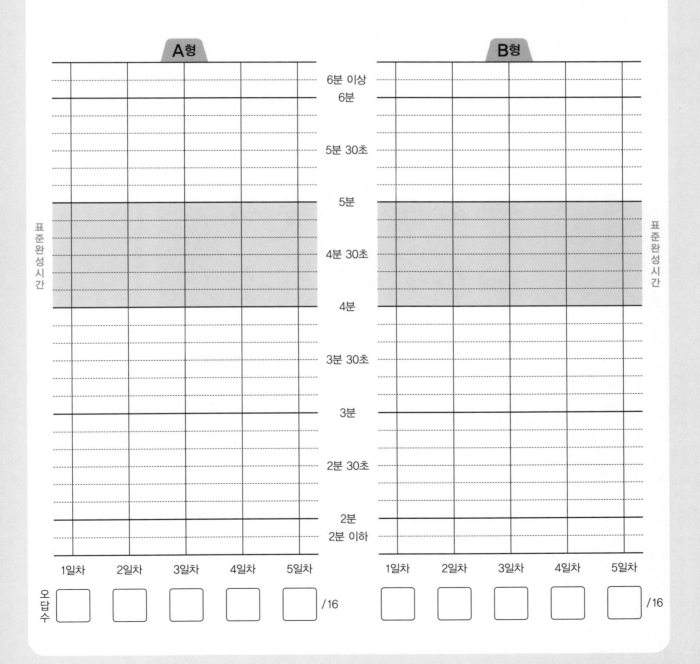

분수와 자연수의 곱셈

● 진분수와 자연수의 곱셈

(진분수)×(자연수), (자연수)×(진분수)의 계산은 분수의 분자와 자연수를 곱합니다. 이때 분모와 자연수가 약분이 되면 약분하여 나타내고, 계산 결과가 가분수이면 대분수로 고쳐서 나타냅니다.

[방법1] 분자와 자연수의 곱을 구한 다음 약분하여 계산하기

[방법2] 분자와 자연수를 곱하는 과정에서 약분하여 계산하기

[방법3] 주어진 곱셈에서 바로 약분하여 계산하기

보기

$$[방법1] \quad \frac{2}{9} \times 12 = \frac{2 \times 12}{9} = \frac{\overset{8}{\cancel{24}}}{\underset{3}{\cancel{9}}} = \frac{8}{3} = 2\frac{2}{3}$$

$$[방법2] \quad \frac{2}{9} \times 12 = \frac{2 \times \overset{4}{\cancel{12}}}{\underset{3}{\cancel{9}}} = \frac{8}{3} = 2\frac{2}{3}$$

$$[방법3] \quad \frac{2}{\underset{3}{\cancel{9}}} \times \overset{4}{\cancel{12}} = \frac{2 \times 4}{3} = \frac{8}{3} = 2\frac{2}{3}$$

● 대분수와 자연수의 곱셈

(대분수)×(자연수), (자연수)×(대분수)의 계산은 대분수를 가분수로 고친 다음, 진분수와 자연수의 곱셈과 같은 방법으로 계산합니다.

보기

$$1\frac{2}{5} \times 4 = \frac{7}{5} \times 4 = \frac{7 \times 4}{5} = \frac{28}{5} = 5\frac{3}{5}$$

$$6 \times 1\frac{3}{8} = \overset{3}{\cancel{6}} \times \frac{11}{\underset{4}{\cancel{8}}} = \frac{3 \times 11}{4} = \frac{33}{4} = 8\frac{1}{4}$$

분수와 자연수의 곱셈

★ 계산하여 기약분수로 나타내시오.

① $\dfrac{1}{2} \times 4 =$

② $\dfrac{1}{4} \times 7 =$

③ $\dfrac{3}{8} \times 2 =$

④ $\dfrac{2}{9} \times 3 =$

⑤ $\dfrac{5}{12} \times 4 =$

⑥ $\dfrac{4}{15} \times 5 =$

⑦ $\dfrac{7}{18} \times 9 =$

⑧ $\dfrac{9}{20} \times 10 =$

⑨ $1\dfrac{1}{3} \times 6 =$

⑩ $2\dfrac{1}{5} \times 2 =$

⑪ $3\dfrac{5}{6} \times 3 =$

⑫ $5\dfrac{2}{7} \times 2 =$

⑬ $4\dfrac{3}{10} \times 5 =$

⑭ $3\dfrac{5}{14} \times 7 =$

⑮ $2\dfrac{9}{16} \times 4 =$

⑯ $1\dfrac{8}{17} \times 17 =$

날짜	월	일
시간	분	초
오답 수	/	16

분수와 자연수의 곱셈

★ 계산하여 기약분수로 나타내시오.

① $2 \times \dfrac{1}{4} =$

② $5 \times \dfrac{2}{3} =$

③ $7 \times \dfrac{6}{7} =$

④ $4 \times \dfrac{3}{8} =$

⑤ $6 \times \dfrac{4}{11} =$

⑥ $8 \times \dfrac{5}{16} =$

⑦ $7 \times \dfrac{10}{21} =$

⑧ $15 \times \dfrac{8}{25} =$

⑨ $3 \times 2\dfrac{1}{2} =$

⑩ $4 \times 3\dfrac{1}{6} =$

⑪ $5 \times 1\dfrac{4}{5} =$

⑫ $12 \times 1\dfrac{4}{9} =$

⑬ $20 \times 1\dfrac{7}{10} =$

⑭ $4 \times 1\dfrac{3}{13} =$

⑮ $18 \times 1\dfrac{5}{27} =$

⑯ $11 \times 2\dfrac{2}{33} =$

● 표준완성시간 : 4~5분

날짜	월	일
시간	분	초
오답 수	/ 16

분수와 자연수의 곱셈

A형

★ 계산하여 기약분수로 나타내시오.

① $\dfrac{1}{2} \times 5 =$

② $\dfrac{2}{3} \times 9 =$

③ $\dfrac{3}{5} \times 10 =$

④ $\dfrac{5}{8} \times 4 =$

⑤ $\dfrac{6}{11} \times 2 =$

⑥ $\dfrac{7}{16} \times 6 =$

⑦ $\dfrac{3}{25} \times 8 =$

⑧ $\dfrac{9}{28} \times 7 =$

⑨ $2\dfrac{3}{4} \times 2 =$

⑩ $3\dfrac{1}{6} \times 4 =$

⑪ $1\dfrac{4}{9} \times 3 =$

⑫ $2\dfrac{1}{10} \times 15 =$

⑬ $1\dfrac{7}{12} \times 8 =$

⑭ $3\dfrac{2}{15} \times 9 =$

⑮ $2\dfrac{5}{24} \times 12 =$

⑯ $1\dfrac{7}{30} \times 20 =$

분수와 자연수의 곱셈

★ 계산하여 기약분수로 나타내시오.

① $7 \times \dfrac{1}{3} =$

② $6 \times \dfrac{3}{4} =$

③ $9 \times \dfrac{5}{6} =$

④ $8 \times \dfrac{4}{7} =$

⑤ $4 \times \dfrac{7}{10} =$

⑥ $14 \times \dfrac{5}{18} =$

⑦ $34 \times \dfrac{8}{17} =$

⑧ $21 \times \dfrac{11}{35} =$

⑨ $4 \times 3\dfrac{1}{2} =$

⑩ $3 \times 2\dfrac{1}{5} =$

⑪ $6 \times 3\dfrac{3}{8} =$

⑫ $10 \times 1\dfrac{2}{9} =$

⑬ $7 \times 2\dfrac{3}{14} =$

⑭ $8 \times 1\dfrac{7}{20} =$

⑮ $12 \times 1\dfrac{5}{32} =$

⑯ $13 \times 2\dfrac{2}{39} =$

분수와 자연수의 곱셈

★ 계산하여 기약분수로 나타내시오.

① $\dfrac{5}{6} \times 4 =$

② $\dfrac{4}{7} \times 14 =$

③ $\dfrac{3}{10} \times 15 =$

④ $\dfrac{1}{13} \times 17 =$

⑤ $\dfrac{4}{15} \times 18 =$

⑥ $\dfrac{5}{22} \times 11 =$

⑦ $\dfrac{7}{24} \times 16 =$

⑧ $\dfrac{9}{32} \times 8 =$

⑨ $4\dfrac{2}{3} \times 5 =$

⑩ $2\dfrac{4}{5} \times 10 =$

⑪ $1\dfrac{7}{8} \times 6 =$

⑫ $3\dfrac{5}{12} \times 8 =$

⑬ $1\dfrac{7}{16} \times 20 =$

⑭ $2\dfrac{3}{20} \times 15 =$

⑮ $1\dfrac{10}{27} \times 18 =$

⑯ $2\dfrac{13}{36} \times 12 =$

• 표준완성시간 : 4~5분

분수와 자연수의 곱셈

★ 계산하여 기약분수로 나타내시오.

① $8 \times \dfrac{1}{2} =$

② $15 \times \dfrac{3}{5} =$

③ $9 \times \dfrac{7}{8} =$

④ $8 \times \dfrac{4}{17} =$

⑤ $24 \times \dfrac{5}{18} =$

⑥ $16 \times \dfrac{7}{30} =$

⑦ $21 \times \dfrac{10}{39} =$

⑧ $28 \times \dfrac{11}{42} =$

⑨ $6 \times 7\dfrac{1}{3} =$

⑩ $3 \times 5\dfrac{3}{4} =$

⑪ $12 \times 3\dfrac{1}{6} =$

⑫ $4 \times 2\dfrac{3}{10} =$

⑬ $5 \times 1\dfrac{8}{13} =$

⑭ $32 \times 2\dfrac{7}{16} =$

⑮ $20 \times 1\dfrac{5}{24} =$

⑯ $14 \times 1\dfrac{6}{35} =$

4일차

분수와 자연수의 곱셈

● 표준완성시간 : 4~5분

날짜	월	일
시간	분	초
오답 수	/	16

A형

★ 계산하여 기약분수로 나타내시오.

① $\dfrac{2}{3} \times 7 =$

② $\dfrac{3}{5} \times 15 =$

③ $\dfrac{1}{8} \times 14 =$

④ $\dfrac{7}{10} \times 25 =$

⑤ $\dfrac{5}{14} \times 21 =$

⑥ $\dfrac{9}{26} \times 13 =$

⑦ $\dfrac{11}{28} \times 20 =$

⑧ $\dfrac{13}{40} \times 24 =$

⑨ $3\dfrac{1}{4} \times 6 =$

⑩ $4\dfrac{1}{6} \times 8 =$

⑪ $2\dfrac{2}{9} \times 12 =$

⑫ $1\dfrac{5}{16} \times 10 =$

⑬ $3\dfrac{2}{21} \times 9 =$

⑭ $2\dfrac{8}{35} \times 14 =$

⑮ $1\dfrac{5}{42} \times 18 =$

⑯ $1\dfrac{4}{45} \times 30 =$

분수와 자연수의 곱셈

★ 계산하여 기약분수로 나타내시오.

① $9 \times \dfrac{1}{7} =$

② $15 \times \dfrac{4}{9} =$

③ $33 \times \dfrac{8}{11} =$

④ $30 \times \dfrac{5}{18} =$

⑤ $20 \times \dfrac{9}{25} =$

⑥ $24 \times \dfrac{11}{36} =$

⑦ $63 \times \dfrac{10}{49} =$

⑧ $32 \times \dfrac{15}{56} =$

⑨ $5 \times 2\dfrac{1}{4} =$

⑩ $7 \times 1\dfrac{2}{5} =$

⑪ $10 \times 2\dfrac{3}{8} =$

⑫ $8 \times 3\dfrac{1}{12} =$

⑬ $45 \times 1\dfrac{4}{15} =$

⑭ $12 \times 2\dfrac{7}{20} =$

⑮ $18 \times 1\dfrac{5}{27} =$

⑯ $16 \times 2\dfrac{7}{32} =$

5일차

분수와 자연수의 곱셈

● 표준완성시간 : 4~5분

날짜	월	일
시간	분	초
오답 수	/	16

A형

★ 계산하여 기약분수로 나타내시오.

① $\dfrac{1}{6} \times 9 =$

② $\dfrac{3}{7} \times 8 =$

③ $\dfrac{5}{9} \times 15 =$

④ $\dfrac{7}{12} \times 16 =$

⑤ $\dfrac{11}{18} \times 14 =$

⑥ $\dfrac{13}{24} \times 20 =$

⑦ $\dfrac{17}{36} \times 12 =$

⑧ $\dfrac{9}{56} \times 35 =$

⑨ $5\dfrac{1}{2} \times 6 =$

⑩ $4\dfrac{2}{3} \times 12 =$

⑪ $2\dfrac{3}{8} \times 10 =$

⑫ $1\dfrac{4}{13} \times 7 =$

⑬ $2\dfrac{3}{17} \times 34 =$

⑭ $1\dfrac{6}{25} \times 15 =$

⑮ $2\dfrac{5}{44} \times 22 =$

⑯ $1\dfrac{2}{63} \times 27 =$

B형

날짜	월	일
시간	분	초
오답 수	/	16

분수와 자연수의 곱셈

★ 계산하여 기약분수로 나타내시오.

① $15 \times \dfrac{2}{3} =$

② $14 \times \dfrac{5}{6} =$

③ $10 \times \dfrac{8}{13} =$

④ $28 \times \dfrac{10}{21} =$

⑤ $39 \times \dfrac{9}{26} =$

⑥ $22 \times \dfrac{7}{32} =$

⑦ $24 \times \dfrac{19}{42} =$

⑧ $27 \times \dfrac{13}{72} =$

⑨ $4 \times 3\dfrac{1}{5} =$

⑩ $16 \times 4\dfrac{7}{8} =$

⑪ $12 \times 1\dfrac{5}{14} =$

⑫ $54 \times 1\dfrac{7}{18} =$

⑬ $9 \times 3\dfrac{2}{27} =$

⑭ $15 \times 1\dfrac{4}{33} =$

⑮ $19 \times 2\dfrac{3}{38} =$

⑯ $20 \times 1\dfrac{4}{45} =$

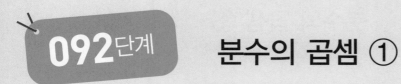

092단계 분수의 곱셈 ①

● 결과 기록지

① 1~5일차 학습에 걸린 시간을 각각 재서 그래프에 점을 찍습니다.

② 점과 점을 연결하여 기록의 변화를 확인합니다.

③ 오답 수를 세어 오답 수 칸에 씁니다.

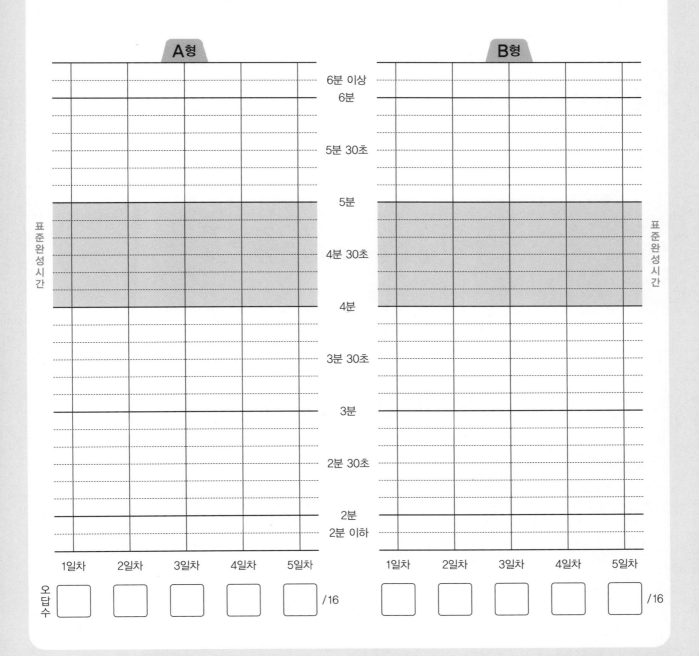

분수의 곱셈 ①

● (단위분수)×(단위분수)

$\frac{1}{2}$, $\frac{1}{3}$, $\frac{1}{4}$ ······과 같이 분자가 1인 분수를 단위분수라고 합니다.

(단위분수)×(단위분수)의 계산은 분자는 그대로 1이고, 분모끼리 곱합니다.

> 보기
>
> $$\frac{1}{3} \times \frac{1}{4} = \frac{1}{3 \times 4} = \frac{1}{12}$$

● (진분수)×(진분수)

(진분수)×(진분수)의 계산은 분모는 분모끼리, 분자는 분자끼리 곱합니다. 이때 분모와 분자가 약분이 되면 약분하여 나타냅니다.

> 보기
>
> [방법1] $\dfrac{3}{8} \times \dfrac{7}{9} = \dfrac{3 \times 7}{8 \times 9} = \dfrac{\overset{7}{\cancel{21}}}{\underset{24}{\cancel{72}}} = \dfrac{7}{24}$
>
> [방법2] $\dfrac{3}{8} \times \dfrac{7}{9} = \dfrac{\overset{1}{\cancel{3}} \times 7}{8 \times \underset{3}{\cancel{9}}} = \dfrac{7}{24}$
>
> [방법3] $\dfrac{\overset{1}{\cancel{3}}}{8} \times \dfrac{7}{\underset{3}{\cancel{9}}} = \dfrac{7}{8 \times 3} = \dfrac{7}{24}$

● (가분수)×(가분수)

(가분수)×(가분수)는 (진분수)×(진분수)와 같은 방법으로 계산합니다. 이때 계산 결과가 가분수이면 대분수로 나타냅니다.

> 보기
>
> $$\dfrac{\overset{6}{\cancel{12}}}{\underset{1}{\cancel{7}}} \times \dfrac{\overset{3}{\cancel{21}}}{\underset{5}{\cancel{10}}} = \dfrac{6 \times 3}{5} = \dfrac{18}{5} = 3\dfrac{3}{5}$$

분수의 곱셈 ①

★ 계산하여 기약분수로 나타내시오.

① $\dfrac{1}{2} \times \dfrac{1}{7} =$

② $\dfrac{3}{5} \times \dfrac{5}{6} =$

③ $\dfrac{1}{8} \times \dfrac{2}{3} =$

④ $\dfrac{3}{10} \times \dfrac{2}{5} =$

⑤ $\dfrac{4}{9} \times \dfrac{5}{12} =$

⑥ $\dfrac{9}{14} \times \dfrac{7}{8} =$

⑦ $\dfrac{13}{18} \times \dfrac{6}{13} =$

⑧ $\dfrac{11}{20} \times \dfrac{5}{22} =$

⑨ $\dfrac{1}{3} \times \dfrac{3}{4} =$

⑩ $\dfrac{4}{7} \times \dfrac{1}{4} =$

⑪ $\dfrac{5}{9} \times \dfrac{1}{6} =$

⑫ $\dfrac{4}{11} \times \dfrac{3}{8} =$

⑬ $\dfrac{11}{15} \times \dfrac{5}{7} =$

⑭ $\dfrac{8}{13} \times \dfrac{15}{16} =$

⑮ $\dfrac{10}{21} \times \dfrac{7}{10} =$

⑯ $\dfrac{14}{15} \times \dfrac{25}{28} =$

날짜	월	일
시간	분	초
오답 수	/	16

B형

분수의 곱셈 ①

★ 계산하여 기약분수로 나타내시오.

① $\dfrac{5}{2} \times \dfrac{1}{5} =$

② $\dfrac{2}{3} \times \dfrac{9}{4} =$

③ $\dfrac{7}{6} \times \dfrac{2}{7} =$

④ $\dfrac{5}{8} \times \dfrac{10}{9} =$

⑤ $\dfrac{9}{7} \times \dfrac{5}{6} =$

⑥ $\dfrac{3}{10} \times \dfrac{16}{15} =$

⑦ $\dfrac{21}{11} \times \dfrac{9}{14} =$

⑧ $\dfrac{7}{12} \times \dfrac{26}{21} =$

⑨ $\dfrac{4}{3} \times \dfrac{5}{4} =$

⑩ $\dfrac{7}{2} \times \dfrac{6}{5} =$

⑪ $\dfrac{9}{7} \times \dfrac{14}{11} =$

⑫ $\dfrac{16}{13} \times \dfrac{13}{8} =$

⑬ $\dfrac{28}{9} \times \dfrac{15}{14} =$

⑭ $\dfrac{18}{17} \times \dfrac{11}{6} =$

⑮ $\dfrac{17}{12} \times \dfrac{20}{17} =$

⑯ $\dfrac{33}{20} \times \dfrac{24}{11} =$

분수의 곱셈 ①

★ 계산하여 기약분수로 나타내시오.

① $\dfrac{1}{3} \times \dfrac{1}{8} =$

② $\dfrac{5}{6} \times \dfrac{1}{2} =$

③ $\dfrac{4}{9} \times \dfrac{3}{4} =$

④ $\dfrac{3}{7} \times \dfrac{7}{12} =$

⑤ $\dfrac{5}{14} \times \dfrac{7}{10} =$

⑥ $\dfrac{7}{24} \times \dfrac{12}{13} =$

⑦ $\dfrac{14}{27} \times \dfrac{9}{16} =$

⑧ $\dfrac{15}{32} \times \dfrac{12}{25} =$

⑨ $\dfrac{1}{4} \times \dfrac{2}{5} =$

⑩ $\dfrac{6}{7} \times \dfrac{2}{3} =$

⑪ $\dfrac{3}{8} \times \dfrac{1}{6} =$

⑫ $\dfrac{6}{13} \times \dfrac{2}{9} =$

⑬ $\dfrac{8}{11} \times \dfrac{3}{16} =$

⑭ $\dfrac{4}{15} \times \dfrac{3}{28} =$

⑮ $\dfrac{11}{30} \times \dfrac{15}{22} =$

⑯ $\dfrac{13}{35} \times \dfrac{21}{26} =$

B 형	날짜	월 일
	시간	분 초
	오답 수	/ 16

분수의 곱셈 ①

★ 계산하여 기약분수로 나타내시오.

① $\dfrac{5}{3} \times \dfrac{2}{5} =$

② $\dfrac{1}{4} \times \dfrac{8}{7} =$

③ $\dfrac{11}{6} \times \dfrac{3}{22} =$

④ $\dfrac{3}{8} \times \dfrac{14}{9} =$

⑤ $\dfrac{9}{2} \times \dfrac{10}{27} =$

⑥ $\dfrac{4}{5} \times \dfrac{25}{16} =$

⑦ $\dfrac{13}{10} \times \dfrac{5}{26} =$

⑧ $\dfrac{7}{18} \times \dfrac{32}{21} =$

⑨ $\dfrac{7}{2} \times \dfrac{10}{7} =$

⑩ $\dfrac{12}{5} \times \dfrac{10}{9} =$

⑪ $\dfrac{27}{14} \times \dfrac{7}{3} =$

⑫ $\dfrac{7}{4} \times \dfrac{16}{13} =$

⑬ $\dfrac{28}{11} \times \dfrac{22}{21} =$

⑭ $\dfrac{16}{15} \times \dfrac{35}{12} =$

⑮ $\dfrac{26}{17} \times \dfrac{34}{13} =$

⑯ $\dfrac{19}{15} \times \dfrac{45}{38} =$

분수의 곱셈 ①

★ 계산하여 기약분수로 나타내시오.

① $\dfrac{1}{5} \times \dfrac{1}{6} =$

② $\dfrac{1}{4} \times \dfrac{8}{9} =$

③ $\dfrac{4}{11} \times \dfrac{1}{2} =$

④ $\dfrac{7}{13} \times \dfrac{5}{7} =$

⑤ $\dfrac{5}{18} \times \dfrac{3}{20} =$

⑥ $\dfrac{10}{21} \times \dfrac{7}{25} =$

⑦ $\dfrac{25}{26} \times \dfrac{13}{15} =$

⑧ $\dfrac{15}{38} \times \dfrac{19}{30} =$

⑨ $\dfrac{2}{3} \times \dfrac{3}{7} =$

⑩ $\dfrac{5}{8} \times \dfrac{2}{5} =$

⑪ $\dfrac{5}{6} \times \dfrac{9}{10} =$

⑫ $\dfrac{3}{4} \times \dfrac{7}{12} =$

⑬ $\dfrac{9}{13} \times \dfrac{26}{27} =$

⑭ $\dfrac{15}{28} \times \dfrac{14}{17} =$

⑮ $\dfrac{8}{33} \times \dfrac{11}{24} =$

⑯ $\dfrac{21}{40} \times \dfrac{16}{27} =$

분수의 곱셈 ①

★ 계산하여 기약분수로 나타내시오.

① $\dfrac{9}{2} \times \dfrac{2}{3} =$

② $\dfrac{4}{5} \times \dfrac{10}{7} =$

③ $\dfrac{10}{9} \times \dfrac{3}{4} =$

④ $\dfrac{5}{6} \times \dfrac{13}{10} =$

⑤ $\dfrac{24}{11} \times \dfrac{7}{8} =$

⑥ $\dfrac{8}{15} \times \dfrac{35}{16} =$

⑦ $\dfrac{21}{20} \times \dfrac{5}{14} =$

⑧ $\dfrac{22}{25} \times \dfrac{40}{33} =$

⑨ $\dfrac{8}{5} \times \dfrac{5}{2} =$

⑩ $\dfrac{10}{3} \times \dfrac{15}{8} =$

⑪ $\dfrac{11}{6} \times \dfrac{18}{7} =$

⑫ $\dfrac{27}{20} \times \dfrac{14}{9} =$

⑬ $\dfrac{13}{12} \times \dfrac{40}{39} =$

⑭ $\dfrac{35}{18} \times \dfrac{15}{14} =$

⑮ $\dfrac{25}{24} \times \dfrac{27}{10} =$

⑯ $\dfrac{20}{17} \times \dfrac{51}{32} =$

★ 계산하여 기약분수로 나타내시오.

① $\dfrac{1}{4} \times \dfrac{1}{8} =$

② $\dfrac{2}{7} \times \dfrac{2}{3} =$

③ $\dfrac{1}{6} \times \dfrac{12}{13} =$

④ $\dfrac{9}{11} \times \dfrac{7}{18} =$

⑤ $\dfrac{4}{21} \times \dfrac{14}{15} =$

⑥ $\dfrac{11}{27} \times \dfrac{9}{22} =$

⑦ $\dfrac{13}{36} \times \dfrac{9}{26} =$

⑧ $\dfrac{28}{45} \times \dfrac{15}{32} =$

⑨ $\dfrac{1}{5} \times \dfrac{5}{9} =$

⑩ $\dfrac{5}{6} \times \dfrac{3}{10} =$

⑪ $\dfrac{4}{15} \times \dfrac{3}{8} =$

⑫ $\dfrac{5}{16} \times \dfrac{4}{7} =$

⑬ $\dfrac{9}{14} \times \dfrac{7}{24} =$

⑭ $\dfrac{7}{12} \times \dfrac{16}{35} =$

⑮ $\dfrac{17}{42} \times \dfrac{15}{34} =$

⑯ $\dfrac{21}{50} \times \dfrac{20}{27} =$

분수의 곱셈 ①

★ 계산하여 기약분수로 나타내시오.

① $\dfrac{7}{4} \times \dfrac{2}{7} =$

② $\dfrac{9}{10} \times \dfrac{5}{3} =$

③ $\dfrac{11}{8} \times \dfrac{4}{5} =$

④ $\dfrac{8}{9} \times \dfrac{15}{13} =$

⑤ $\dfrac{13}{6} \times \dfrac{9}{26} =$

⑥ $\dfrac{5}{12} \times \dfrac{28}{25} =$

⑦ $\dfrac{16}{15} \times \dfrac{25}{32} =$

⑧ $\dfrac{20}{27} \times \dfrac{45}{28} =$

⑨ $\dfrac{7}{6} \times \dfrac{9}{2} =$

⑩ $\dfrac{8}{5} \times \dfrac{15}{4} =$

⑪ $\dfrac{8}{3} \times \dfrac{12}{11} =$

⑫ $\dfrac{10}{7} \times \dfrac{21}{16} =$

⑬ $\dfrac{15}{14} \times \dfrac{20}{9} =$

⑭ $\dfrac{35}{33} \times \dfrac{22}{15} =$

⑮ $\dfrac{21}{16} \times \dfrac{36}{35} =$

⑯ $\dfrac{25}{21} \times \dfrac{49}{40} =$

5일차

분수의 곱셈 ①

● 표준완성시간 : 4~5분

날짜	월	일
시간	분	초
오답 수	/	16

A 형

★ 계산하여 기약분수로 나타내시오.

① $\dfrac{1}{6} \times \dfrac{1}{7} =$

② $\dfrac{1}{8} \times \dfrac{4}{9} =$

③ $\dfrac{7}{15} \times \dfrac{3}{4} =$

④ $\dfrac{9}{14} \times \dfrac{7}{12} =$

⑤ $\dfrac{8}{25} \times \dfrac{5}{16} =$

⑥ $\dfrac{21}{34} \times \dfrac{17}{24} =$

⑦ $\dfrac{13}{42} \times \dfrac{28}{39} =$

⑧ $\dfrac{27}{56} \times \dfrac{40}{63} =$

⑨ $\dfrac{1}{4} \times \dfrac{2}{3} =$

⑩ $\dfrac{7}{10} \times \dfrac{4}{5} =$

⑪ $\dfrac{1}{9} \times \dfrac{3}{11} =$

⑫ $\dfrac{18}{23} \times \dfrac{5}{6} =$

⑬ $\dfrac{13}{18} \times \dfrac{12}{19} =$

⑭ $\dfrac{16}{25} \times \dfrac{35}{48} =$

⑮ $\dfrac{17}{32} \times \dfrac{40}{51} =$

⑯ $\dfrac{45}{88} \times \dfrac{22}{27} =$

분수의 곱셈 ①

★ 계산하여 기약분수로 나타내시오.

① $\dfrac{8}{5} \times \dfrac{7}{10} =$

② $\dfrac{2}{3} \times \dfrac{15}{7} =$

③ $\dfrac{25}{8} \times \dfrac{4}{15} =$

④ $\dfrac{12}{13} \times \dfrac{10}{9} =$

⑤ $\dfrac{18}{11} \times \dfrac{7}{12} =$

⑥ $\dfrac{13}{20} \times \dfrac{25}{16} =$

⑦ $\dfrac{49}{39} \times \dfrac{26}{63} =$

⑧ $\dfrac{27}{35} \times \dfrac{40}{33} =$

⑨ $\dfrac{15}{4} \times \dfrac{11}{6} =$

⑩ $\dfrac{21}{5} \times \dfrac{20}{9} =$

⑪ $\dfrac{13}{10} \times \dfrac{25}{11} =$

⑫ $\dfrac{17}{12} \times \dfrac{24}{19} =$

⑬ $\dfrac{28}{15} \times \dfrac{40}{21} =$

⑭ $\dfrac{32}{25} \times \dfrac{35}{18} =$

⑮ $\dfrac{51}{36} \times \dfrac{45}{34} =$

⑯ $\dfrac{63}{32} \times \dfrac{44}{27} =$

093단계   분수의 곱셈 ②

● 결과 기록지

① 1~5일차 학습에 걸린 시간을 각각 재서 그래프에 점을 찍습니다.
② 점과 점을 연결하여 기록의 변화를 확인합니다.
③ 오답 수를 세어 오답 수 칸에 씁니다.

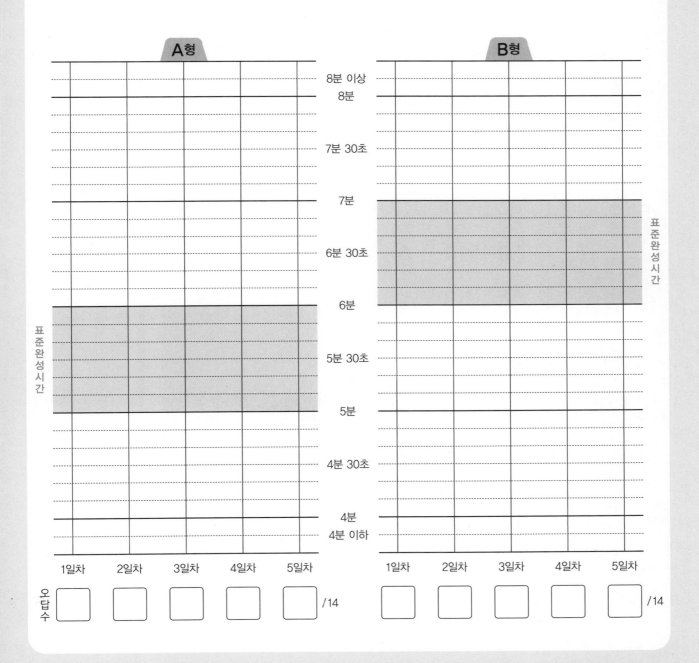

분수의 곱셈 ②

● (진분수·가분수)×(대분수), (대분수)×(진분수·가분수)

대분수를 가분수로 고친 다음 약분이 되면 약분을 먼저 하고 분모는 분모끼리, 분자는 분자끼리 곱합니다. 계산 결과가 가분수이면 대분수로 나타냅니다.

보기

$$\frac{2}{5} \times 4\frac{1}{3} = \frac{2}{5} \times \frac{13}{3} = \frac{2 \times 13}{5 \times 3} = \frac{26}{15} = 1\frac{11}{15}$$

$$\frac{21}{4} \times 3\frac{3}{7} = \frac{\overset{3}{\cancel{21}}}{\underset{1}{\cancel{4}}} \times \frac{\overset{6}{\cancel{24}}}{\underset{1}{\cancel{7}}} = 3 \times 6 = 18$$

$$1\frac{5}{9} \times \frac{5}{8} = \frac{\overset{7}{\cancel{14}}}{9} \times \frac{5}{\underset{4}{\cancel{8}}} = \frac{7 \times 5}{9 \times 4} = \frac{35}{36}$$

$$4\frac{1}{6} \times \frac{21}{10} = \frac{\overset{5}{\cancel{25}}}{\underset{2}{\cancel{6}}} \times \frac{\overset{7}{\cancel{21}}}{\underset{2}{\cancel{10}}} = \frac{5 \times 7}{2 \times 2} = \frac{35}{4} = 8\frac{3}{4}$$

● (대분수)×(대분수)

대분수를 가분수로 고친 다음 약분이 되면 약분을 먼저 하고 분모는 분모끼리, 분자는 분자끼리 곱합니다. 계산 결과가 가분수이면 대분수로 나타냅니다.

보기

$$3\frac{1}{2} \times 1\frac{4}{5} = \frac{7}{2} \times \frac{9}{5} = \frac{7 \times 9}{2 \times 5} = \frac{63}{10} = 6\frac{3}{10}$$

$$3\frac{3}{4} \times 1\frac{7}{9} = \frac{\overset{5}{\cancel{15}}}{\underset{1}{\cancel{4}}} \times \frac{\overset{4}{\cancel{16}}}{\underset{3}{\cancel{9}}} = \frac{5 \times 4}{3} = \frac{20}{3} = 6\frac{2}{3}$$

분수의 곱셈 ②

★ 계산하여 기약분수로 나타내시오.

① $\dfrac{1}{2} \times 1\dfrac{1}{3} =$

② $\dfrac{1}{4} \times 2\dfrac{1}{5} =$

③ $\dfrac{5}{6} \times 3\dfrac{1}{2} =$

④ $\dfrac{7}{8} \times 1\dfrac{3}{7} =$

⑤ $\dfrac{4}{9} \times 2\dfrac{1}{6} =$

⑥ $\dfrac{8}{3} \times 3\dfrac{3}{4} =$

⑦ $\dfrac{4}{5} \times 4\dfrac{3}{8} =$

⑧ $1\dfrac{1}{4} \times \dfrac{2}{3} =$

⑨ $3\dfrac{1}{2} \times \dfrac{4}{7} =$

⑩ $1\dfrac{5}{8} \times \dfrac{2}{9} =$

⑪ $4\dfrac{1}{6} \times \dfrac{2}{5} =$

⑫ $1\dfrac{3}{7} \times \dfrac{7}{4} =$

⑬ $3\dfrac{1}{9} \times \dfrac{3}{8} =$

⑭ $4\dfrac{2}{3} \times \dfrac{6}{7} =$

● 표준완성시간 : 6~7분

날짜	월	일
시간	분	초
오답 수	/ 14	

분수의 곱셈 ②

★ 계산하여 기약분수로 나타내시오.

① $1\dfrac{1}{2} \times 1\dfrac{2}{3} =$

② $2\dfrac{1}{4} \times 1\dfrac{1}{6} =$

③ $2\dfrac{2}{9} \times 1\dfrac{4}{5} =$

④ $1\dfrac{7}{8} \times 2\dfrac{2}{7} =$

⑤ $3\dfrac{1}{3} \times 1\dfrac{2}{15} =$

⑥ $1\dfrac{9}{14} \times 5\dfrac{5}{6} =$

⑦ $1\dfrac{5}{12} \times 1\dfrac{3}{17} =$

⑧ $2\dfrac{1}{3} \times 1\dfrac{3}{7} =$

⑨ $1\dfrac{1}{5} \times 1\dfrac{7}{8} =$

⑩ $1\dfrac{5}{6} \times 3\dfrac{1}{2} =$

⑪ $2\dfrac{1}{4} \times 1\dfrac{5}{9} =$

⑫ $2\dfrac{1}{10} \times 3\dfrac{4}{7} =$

⑬ $2\dfrac{3}{5} \times 1\dfrac{7}{13} =$

⑭ $2\dfrac{2}{11} \times 1\dfrac{5}{18} =$

분수의 곱셈 ②

★ 계산하여 기약분수로 나타내시오.

① $\dfrac{1}{3} \times 4\dfrac{1}{2} =$

⑧ $3\dfrac{1}{5} \times \dfrac{1}{4} =$

② $\dfrac{1}{5} \times 2\dfrac{1}{7} =$

⑨ $2\dfrac{1}{3} \times \dfrac{6}{7} =$

③ $\dfrac{3}{4} \times 6\dfrac{2}{3} =$

⑩ $4\dfrac{1}{2} \times \dfrac{5}{6} =$

④ $\dfrac{4}{7} \times 2\dfrac{5}{8} =$

⑪ $3\dfrac{3}{4} \times \dfrac{2}{5} =$

⑤ $\dfrac{5}{2} \times 3\dfrac{1}{5} =$

⑫ $4\dfrac{1}{8} \times \dfrac{2}{3} =$

⑥ $\dfrac{5}{6} \times 1\dfrac{5}{9} =$

⑬ $3\dfrac{3}{7} \times \dfrac{10}{9} =$

⑦ $\dfrac{7}{8} \times 2\dfrac{3}{4} =$

⑭ $2\dfrac{4}{9} \times \dfrac{3}{8} =$

날짜	월	일
시간	분	초
오답 수		/ 14

B형

분수의 곱셈 ②

★ 계산하여 기약분수로 나타내시오.

① $1\dfrac{1}{3} \times 1\dfrac{1}{4} =$

② $3\dfrac{1}{2} \times 1\dfrac{5}{7} =$

③ $2\dfrac{2}{5} \times 5\dfrac{5}{6} =$

④ $4\dfrac{4}{9} \times 2\dfrac{5}{8} =$

⑤ $2\dfrac{1}{12} \times 4\dfrac{4}{5} =$

⑥ $3\dfrac{3}{10} \times 2\dfrac{3}{11} =$

⑦ $1\dfrac{7}{18} \times 3\dfrac{3}{20} =$

⑧ $2\dfrac{1}{2} \times 1\dfrac{3}{5} =$

⑨ $2\dfrac{4}{7} \times 1\dfrac{1}{6} =$

⑩ $3\dfrac{3}{8} \times 4\dfrac{2}{3} =$

⑪ $3\dfrac{3}{5} \times 6\dfrac{1}{9} =$

⑫ $3\dfrac{3}{7} \times 2\dfrac{3}{16} =$

⑬ $1\dfrac{11}{15} \times 2\dfrac{9}{13} =$

⑭ $1\dfrac{8}{27} \times 2\dfrac{4}{25} =$

분수의 곱셈 ②

★ 계산하여 기약분수로 나타내시오.

① $\dfrac{1}{4} \times 2\dfrac{2}{7} =$

⑧ $4\dfrac{1}{2} \times \dfrac{4}{9} =$

② $\dfrac{6}{7} \times 4\dfrac{2}{3} =$

⑨ $2\dfrac{1}{6} \times \dfrac{3}{8} =$

③ $\dfrac{4}{5} \times 1\dfrac{7}{8} =$

⑩ $3\dfrac{4}{7} \times \dfrac{14}{5} =$

④ $\dfrac{8}{13} \times 6\dfrac{1}{2} =$

⑪ $2\dfrac{7}{9} \times \dfrac{3}{10} =$

⑤ $\dfrac{11}{6} \times 1\dfrac{4}{11} =$

⑫ $5\dfrac{2}{3} \times \dfrac{12}{13} =$

⑥ $\dfrac{8}{9} \times 2\dfrac{1}{12} =$

⑬ $1\dfrac{2}{15} \times \dfrac{5}{6} =$

⑦ $\dfrac{7}{10} \times 1\dfrac{3}{14} =$

⑭ $1\dfrac{5}{17} \times \dfrac{9}{11} =$

분수의 곱셈 ②

★ 계산하여 기약분수로 나타내시오.

① $3\frac{3}{4} \times 2\frac{4}{5} =$

② $4\frac{1}{2} \times 1\frac{5}{6} =$

③ $3\frac{2}{3} \times 2\frac{5}{11} =$

④ $2\frac{5}{8} \times 1\frac{3}{17} =$

⑤ $1\frac{11}{24} \times 2\frac{2}{7} =$

⑥ $2\frac{5}{14} \times 3\frac{2}{11} =$

⑦ $2\frac{4}{25} \times 1\frac{8}{27} =$

⑧ $4\frac{2}{3} \times 3\frac{3}{7} =$

⑨ $6\frac{2}{5} \times 4\frac{3}{8} =$

⑩ $5\frac{1}{4} \times 1\frac{3}{14} =$

⑪ $1\frac{8}{13} \times 2\frac{1}{6} =$

⑫ $4\frac{4}{9} \times 1\frac{5}{16} =$

⑬ $2\frac{8}{21} \times 1\frac{13}{15} =$

⑭ $1\frac{11}{28} \times 2\frac{11}{26} =$

분수의 곱셈 ②

★ 계산하여 기약분수로 나타내시오.

① $\dfrac{1}{5} \times 3\dfrac{3}{4} =$

② $\dfrac{5}{8} \times 2\dfrac{6}{7} =$

③ $\dfrac{4}{9} \times 2\dfrac{2}{5} =$

④ $\dfrac{15}{4} \times 6\dfrac{2}{3} =$

⑤ $\dfrac{5}{6} \times 2\dfrac{1}{10} =$

⑥ $\dfrac{9}{14} \times 2\dfrac{6}{11} =$

⑦ $\dfrac{19}{20} \times 2\dfrac{4}{13} =$

⑧ $3\dfrac{1}{6} \times \dfrac{3}{7} =$

⑨ $1\dfrac{7}{8} \times \dfrac{12}{5} =$

⑩ $3\dfrac{5}{9} \times \dfrac{3}{4} =$

⑪ $2\dfrac{2}{21} \times \dfrac{7}{11} =$

⑫ $1\dfrac{3}{17} \times \dfrac{5}{12} =$

⑬ $2\dfrac{11}{26} \times \dfrac{13}{18} =$

⑭ $3\dfrac{4}{15} \times \dfrac{9}{28} =$

분수의 곱셈 ②

★ 계산하여 기약분수로 나타내시오.

① $6\dfrac{2}{3} \times 5\dfrac{1}{4} =$

⑧ $2\dfrac{5}{6} \times 4\dfrac{4}{5} =$

② $1\dfrac{5}{7} \times 4\dfrac{3}{8} =$

⑨ $3\dfrac{5}{9} \times 3\dfrac{3}{4} =$

③ $6\dfrac{1}{2} \times 2\dfrac{6}{13} =$

⑩ $2\dfrac{8}{11} \times 3\dfrac{1}{3} =$

④ $1\dfrac{5}{16} \times 2\dfrac{4}{9} =$

⑪ $6\dfrac{7}{8} \times 1\dfrac{13}{15} =$

⑤ $1\dfrac{5}{23} \times 1\dfrac{5}{18} =$

⑫ $2\dfrac{2}{19} \times 2\dfrac{7}{25} =$

⑥ $1\dfrac{7}{13} \times 2\dfrac{1}{32} =$

⑬ $2\dfrac{5}{36} \times 2\dfrac{2}{21} =$

⑦ $1\dfrac{4}{35} \times 1\dfrac{13}{27} =$

⑭ $3\dfrac{9}{17} \times 1\dfrac{11}{40} =$

분수의 곱셈 ②

★ 계산하여 기약분수로 나타내시오.

① $\dfrac{1}{6} \times 4\dfrac{4}{5} =$

② $\dfrac{12}{7} \times 3\dfrac{1}{9} =$

③ $\dfrac{3}{10} \times 5\dfrac{5}{8} =$

④ $\dfrac{11}{12} \times 4\dfrac{2}{7} =$

⑤ $\dfrac{13}{20} \times 1\dfrac{31}{39} =$

⑥ $\dfrac{16}{33} \times 3\dfrac{1}{18} =$

⑦ $\dfrac{27}{40} \times 2\dfrac{8}{21} =$

⑧ $8\dfrac{2}{3} \times \dfrac{15}{8} =$

⑨ $6\dfrac{3}{4} \times \dfrac{5}{12} =$

⑩ $5\dfrac{5}{6} \times \dfrac{9}{20} =$

⑪ $2\dfrac{2}{13} \times \dfrac{4}{21} =$

⑫ $1\dfrac{11}{24} \times \dfrac{9}{14} =$

⑬ $2\dfrac{5}{32} \times \dfrac{16}{23} =$

⑭ $1\dfrac{19}{45} \times \dfrac{27}{56} =$

B형

날짜	월	일
시간	분	초
오답 수	/	14

분수의 곱셈 ②

★ 계산하여 기약분수로 나타내시오.

① $7\frac{1}{2} \times 1\frac{4}{9} =$

⑧ $4\frac{2}{7} \times 2\frac{1}{6} =$

② $2\frac{5}{8} \times 6\frac{2}{3} =$

⑨ $5\frac{3}{5} \times 8\frac{3}{4} =$

③ $6\frac{1}{4} \times 1\frac{9}{10} =$

⑩ $1\frac{9}{17} \times 2\frac{4}{13} =$

④ $1\frac{5}{19} \times 1\frac{5}{12} =$

⑪ $1\frac{13}{15} \times 2\frac{8}{21} =$

⑤ $1\frac{23}{27} \times 3\frac{3}{20} =$

⑫ $2\frac{1}{24} \times 1\frac{19}{35} =$

⑥ $1\frac{7}{32} \times 1\frac{3}{26} =$

⑬ $1\frac{17}{28} \times 2\frac{4}{33} =$

⑦ $2\frac{1}{42} \times 1\frac{15}{34} =$

⑭ $1\frac{13}{50} \times 1\frac{31}{49} =$

094단계 세 분수의 곱셈

● **결과 기록지**

① 1~5일차 학습에 걸린 시간을 각각 재서 그래프에 점을 찍습니다.

② 점과 점을 연결하여 기록의 변화를 확인합니다.

③ 오답 수를 세어 오답 수 칸에 씁니다.

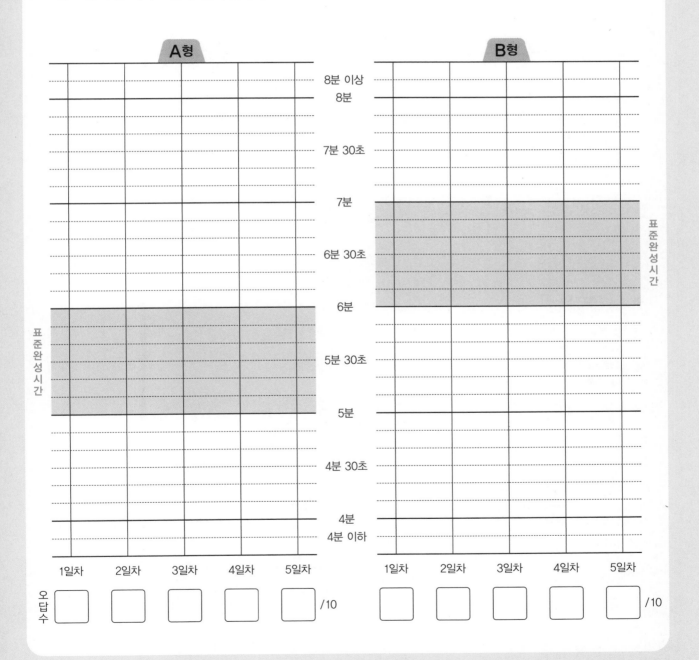

세 분수의 곱셈

● 세 진분수의 곱셈

[방법1] 앞에서부터 차례로 계산하기
[방법2] 세 분수를 한꺼번에 계산하기
[방법3] 주어진 곱셈에서 바로 약분하여 계산하기

> **보기**
>
> [방법1] $\dfrac{7}{8} \times \dfrac{5}{7} \times \dfrac{4}{9} = \left(\dfrac{7}{8} \times \dfrac{5}{7}\right) \times \dfrac{4}{9} = \dfrac{5}{8} \times \dfrac{4}{9} = \dfrac{5}{2 \times 9} = \dfrac{5}{18}$
>
> [방법2] $\dfrac{7}{8} \times \dfrac{5}{7} \times \dfrac{4}{9} = \dfrac{7 \times 5 \times 4}{8 \times 7 \times 9} = \dfrac{5}{2 \times 9} = \dfrac{5}{18}$
>
> [방법3] $\dfrac{7}{8} \times \dfrac{5}{7} \times \dfrac{4}{9} = \dfrac{5}{2 \times 9} = \dfrac{5}{18}$

● 세 분수의 곱셈

세 분수의 곱셈에서 자연수가 있을 때는 분자와 자연수를 곱하면 됩니다.

> **보기**
>
> $\dfrac{5}{6} \times 3 \times 1\dfrac{4}{5} = \dfrac{5}{6} \times 3 \times \dfrac{9}{5} = \dfrac{9}{2} = 4\dfrac{1}{2}$
>
> $2\dfrac{2}{3} \times 1\dfrac{1}{4} \times 9 = \dfrac{8}{3} \times \dfrac{5}{4} \times 9 = 30$
>
> $1\dfrac{5}{9} \times 2\dfrac{1}{2} \times 2\dfrac{1}{10} = \dfrac{14}{9} \times \dfrac{5}{2} \times \dfrac{21}{10} = \dfrac{7 \times 7}{3 \times 2} = \dfrac{49}{6} = 8\dfrac{1}{6}$

세 분수의 곱셈

★ 계산하여 기약분수로 나타내시오.

① $\dfrac{1}{2} \times \dfrac{1}{3} \times \dfrac{1}{4} =$

⑥ $8 \times \dfrac{1}{5} \times 2\dfrac{1}{4} =$

② $\dfrac{3}{4} \times \dfrac{1}{6} \times \dfrac{1}{7} =$

⑦ $\dfrac{2}{7} \times 3\dfrac{1}{2} \times \dfrac{5}{8} =$

③ $\dfrac{2}{5} \times 3 \times \dfrac{5}{8} =$

⑧ $1\dfrac{2}{3} \times \dfrac{8}{9} \times \dfrac{3}{4} =$

④ $\dfrac{5}{6} \times \dfrac{2}{3} \times \dfrac{4}{9} =$

⑨ $\dfrac{7}{8} \times 2\dfrac{4}{5} \times \dfrac{3}{7} =$

⑤ $\dfrac{4}{7} \times \dfrac{3}{8} \times \dfrac{7}{10} =$

⑩ $\dfrac{5}{9} \times \dfrac{3}{13} \times 2\dfrac{1}{6} =$

세 분수의 곱셈

★ 계산하여 기약분수로 나타내시오.

① $\dfrac{1}{6} \times 1\dfrac{1}{9} \times 4\dfrac{1}{2} =$

⑥ $6 \times 3\dfrac{1}{2} \times 1\dfrac{5}{7} =$

② $1\dfrac{3}{4} \times \dfrac{5}{7} \times 1\dfrac{1}{5} =$

⑦ $1\dfrac{7}{8} \times 2\dfrac{2}{5} \times 1\dfrac{5}{6} =$

③ $1\dfrac{1}{8} \times 2\dfrac{2}{3} \times \dfrac{4}{9} =$

⑧ $2\dfrac{1}{4} \times 1\dfrac{5}{9} \times 1\dfrac{3}{7} =$

④ $1\dfrac{5}{6} \times \dfrac{3}{8} \times 4 =$

⑨ $1\dfrac{3}{5} \times 2\dfrac{2}{3} \times 2\dfrac{1}{10} =$

⑤ $\dfrac{2}{11} \times 1\dfrac{4}{7} \times 2\dfrac{4}{5} =$

⑩ $2\dfrac{1}{6} \times 3\dfrac{3}{8} \times 1\dfrac{7}{13} =$

세 분수의 곱셈

★ 계산하여 기약분수로 나타내시오.

① $\dfrac{1}{3} \times \dfrac{1}{5} \times \dfrac{1}{6} =$

⑥ $\dfrac{1}{4} \times 3\dfrac{1}{2} \times \dfrac{3}{7} =$

② $\dfrac{3}{8} \times \dfrac{1}{2} \times 10 =$

⑦ $\dfrac{2}{5} \times \dfrac{1}{6} \times 3\dfrac{1}{8} =$

③ $\dfrac{6}{7} \times \dfrac{2}{3} \times \dfrac{1}{10} =$

⑧ $1\dfrac{5}{9} \times \dfrac{4}{15} \times \dfrac{5}{7} =$

④ $\dfrac{7}{9} \times \dfrac{3}{14} \times \dfrac{5}{6} =$

⑨ $5 \times \dfrac{7}{8} \times 1\dfrac{5}{11} =$

⑤ $\dfrac{5}{12} \times \dfrac{3}{4} \times \dfrac{6}{7} =$

⑩ $\dfrac{4}{5} \times 1\dfrac{7}{18} \times \dfrac{2}{9} =$

B형	날짜	월	일
	시간	분	초
	오답 수	/	10

세 분수의 곱셈

★ 계산하여 기약분수로 나타내시오.

① $2\dfrac{2}{9} \times \dfrac{2}{3} \times 4\dfrac{1}{5} =$

⑥ $1\dfrac{3}{5} \times 2\dfrac{1}{4} \times 1\dfrac{7}{9} =$

② $5\dfrac{1}{4} \times 2\dfrac{1}{2} \times \dfrac{6}{7} =$

⑦ $2\dfrac{5}{8} \times 2\dfrac{2}{7} \times 6 =$

③ $\dfrac{4}{11} \times 1\dfrac{3}{8} \times 3\dfrac{1}{3} =$

⑧ $6\dfrac{1}{2} \times 2\dfrac{4}{5} \times 1\dfrac{7}{13} =$

④ $7\dfrac{1}{2} \times 12 \times \dfrac{7}{15} =$

⑨ $1\dfrac{1}{6} \times 2\dfrac{1}{10} \times 1\dfrac{11}{14} =$

⑤ $1\dfrac{5}{6} \times \dfrac{9}{22} \times 2\dfrac{7}{10} =$

⑩ $2\dfrac{6}{7} \times 1\dfrac{3}{20} \times 1\dfrac{4}{17} =$

세 분수의 곱셈

★ 계산하여 기약분수로 나타내시오.

① $\dfrac{1}{4} \times \dfrac{1}{3} \times \dfrac{1}{10} =$

⑥ $2\dfrac{4}{5} \times \dfrac{3}{7} \times \dfrac{4}{9} =$

② $\dfrac{2}{7} \times \dfrac{4}{15} \times \dfrac{3}{8} =$

⑦ $\dfrac{5}{8} \times 4\dfrac{2}{3} \times \dfrac{9}{10} =$

③ $7 \times \dfrac{5}{6} \times \dfrac{9}{14} =$

⑧ $\dfrac{5}{24} \times \dfrac{8}{11} \times 6\dfrac{3}{4} =$

④ $\dfrac{8}{9} \times \dfrac{7}{12} \times \dfrac{8}{21} =$

⑨ $\dfrac{5}{7} \times 2\dfrac{2}{9} \times \dfrac{7}{30} =$

⑤ $\dfrac{14}{25} \times \dfrac{5}{16} \times \dfrac{6}{7} =$

⑩ $4\dfrac{1}{2} \times \dfrac{8}{15} \times 9 =$

세 분수의 곱셈

★ 계산하여 기약분수로 나타내시오.

① $\dfrac{7}{9} \times 1\dfrac{7}{8} \times 2\dfrac{2}{3} =$

⑥ $6\dfrac{2}{3} \times 14 \times 1\dfrac{2}{7} =$

② $15 \times \dfrac{7}{20} \times 2\dfrac{4}{7} =$

⑦ $3\dfrac{3}{4} \times 7\dfrac{1}{2} \times 3\dfrac{5}{9} =$

③ $3\dfrac{3}{4} \times 3\dfrac{5}{9} \times \dfrac{7}{16} =$

⑧ $1\dfrac{4}{17} \times 2\dfrac{5}{6} \times 1\dfrac{3}{8} =$

④ $2\dfrac{3}{11} \times \dfrac{14}{15} \times 4\dfrac{5}{7} =$

⑨ $2\dfrac{2}{13} \times 3\dfrac{1}{4} \times 1\dfrac{5}{21} =$

⑤ $\dfrac{8}{27} \times 1\dfrac{4}{5} \times 2\dfrac{1}{12} =$

⑩ $1\dfrac{11}{24} \times 2\dfrac{6}{7} \times 1\dfrac{3}{10} =$

세 분수의 곱셈

★ 계산하여 기약분수로 나타내시오.

① $\dfrac{1}{2} \times \dfrac{1}{12} \times \dfrac{1}{5} =$

⑥ $\dfrac{3}{4} \times \dfrac{5}{8} \times 1\dfrac{5}{7} =$

② $\dfrac{5}{14} \times \dfrac{3}{4} \times \dfrac{7}{9} =$

⑦ $\dfrac{5}{6} \times 4\dfrac{4}{5} \times \dfrac{7}{18} =$

③ $\dfrac{5}{8} \times \dfrac{9}{10} \times \dfrac{14}{15} =$

⑧ $2\dfrac{4}{13} \times 8 \times \dfrac{7}{20} =$

④ $\dfrac{11}{24} \times \dfrac{15}{22} \times \dfrac{4}{7} =$

⑨ $\dfrac{8}{15} \times 8\dfrac{1}{2} \times \dfrac{21}{34} =$

⑤ $\dfrac{13}{28} \times 10 \times \dfrac{21}{26} =$

⑩ $\dfrac{8}{21} \times \dfrac{7}{10} \times 2\dfrac{3}{16} =$

B형

날짜	월	일
시간	분	초
오답 수	/	10

세 분수의 곱셈

★ 계산하여 기약분수로 나타내시오.

① $\dfrac{4}{5} \times 6\dfrac{2}{3} \times 15 =$

⑥ $2\dfrac{3}{5} \times 3\dfrac{6}{7} \times 2\dfrac{2}{9} =$

② $1\dfrac{1}{20} \times 5\dfrac{5}{6} \times \dfrac{3}{7} =$

⑦ $9 \times 1\dfrac{1}{3} \times 3\dfrac{3}{8} =$

③ $2\dfrac{6}{11} \times \dfrac{5}{24} \times 2\dfrac{4}{9} =$

⑧ $1\dfrac{5}{6} \times 4\dfrac{1}{2} \times 1\dfrac{3}{22} =$

④ $4\dfrac{3}{4} \times 1\dfrac{7}{17} \times \dfrac{15}{38} =$

⑨ $1\dfrac{9}{26} \times 1\dfrac{4}{35} \times 2\dfrac{5}{8} =$

⑤ $\dfrac{10}{33} \times 1\dfrac{17}{25} \times 3\dfrac{1}{7} =$

⑩ $1\dfrac{5}{21} \times 6\dfrac{3}{4} \times 1\dfrac{13}{36} =$

세 분수의 곱셈

★ 계산하여 기약분수로 나타내시오.

① $\dfrac{1}{7} \times \dfrac{1}{6} \times \dfrac{1}{3} =$

② $\dfrac{4}{9} \times \dfrac{15}{16} \times \dfrac{3}{5} =$

③ $\dfrac{5}{18} \times 21 \times \dfrac{12}{35} =$

④ $\dfrac{13}{24} \times \dfrac{20}{39} \times \dfrac{21}{25} =$

⑤ $\dfrac{11}{40} \times \dfrac{32}{45} \times \dfrac{36}{55} =$

⑥ $4\dfrac{2}{3} \times \dfrac{7}{8} \times \dfrac{4}{9} =$

⑦ $13 \times 6\dfrac{3}{5} \times \dfrac{10}{11} =$

⑧ $\dfrac{9}{16} \times \dfrac{5}{6} \times 2\dfrac{2}{15} =$

⑨ $3\dfrac{3}{20} \times \dfrac{7}{10} \times \dfrac{25}{36} =$

⑩ $\dfrac{34}{35} \times 4\dfrac{1}{16} \times \dfrac{40}{51} =$

날짜	월	일
시간	분	초
오답 수	/	10

B형

세 분수의 곱셈

★ 계산하여 기약분수로 나타내시오.

① $12 \times 2\dfrac{3}{5} \times \dfrac{7}{18} =$

⑥ $3\dfrac{3}{4} \times 1\dfrac{5}{9} \times 4\dfrac{1}{2} =$

② $2\dfrac{5}{6} \times \dfrac{7}{10} \times 1\dfrac{4}{17} =$

⑦ $1\dfrac{5}{16} \times 2\dfrac{4}{7} \times 5 =$

③ $\dfrac{6}{19} \times 2\dfrac{7}{9} \times 1\dfrac{17}{40} =$

⑧ $2\dfrac{13}{18} \times 1\dfrac{1}{4} \times 4\dfrac{4}{5} =$

④ $2\dfrac{10}{27} \times \dfrac{5}{24} \times 1\dfrac{19}{35} =$

⑨ $4\dfrac{3}{8} \times 1\dfrac{11}{21} \times 1\dfrac{7}{38} =$

⑤ $1\dfrac{11}{45} \times 2\dfrac{4}{13} \times \dfrac{52}{63} =$

⑩ $1\dfrac{7}{50} \times 1\dfrac{16}{19} \times 5\dfrac{5}{6} =$

● 결과 기록지

① 1~5일차 학습에 걸린 시간을 각각 재서 그래프에 점을 찍습니다.
② 점과 점을 연결하여 기록의 변화를 확인합니다.
③ 오답 수를 세어 오답 수 칸에 씁니다.

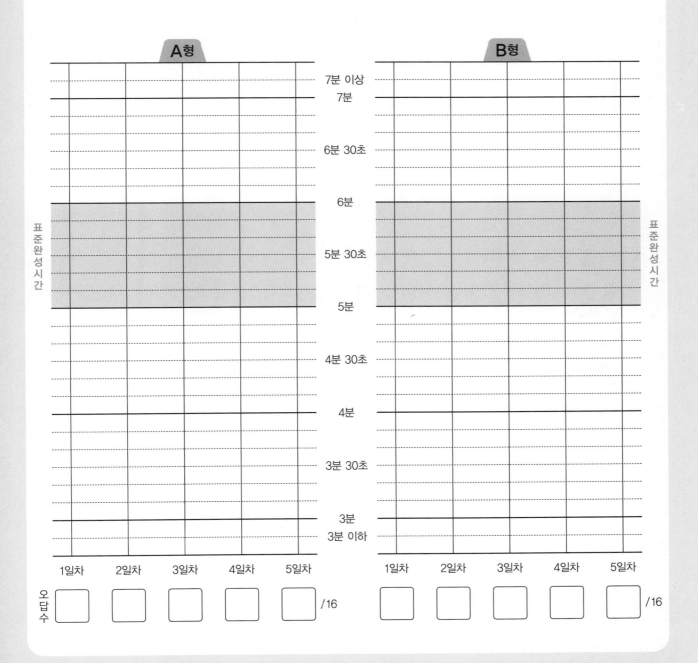

분수와 소수

● **분수를 소수로 나타내기**

분수를 소수로 나타낼 때에는 분모를 10, 100, 1000……인 분수로 고친 뒤 소수로 나타냅니다.
대분수는 분수 부분만 소수로 고친 뒤 자연수와 더합니다.

보기

$$\frac{1}{2} = \frac{1 \times 5}{2 \times 5} = \frac{5}{10} = 0.5$$

$$1\frac{1}{4} = 1 + \frac{1}{4} = 1 + \frac{1 \times 25}{4 \times 25} = 1 + \frac{25}{100} = 1 + 0.25 = 1.25$$

$$\frac{1}{8} = \frac{1 \times 125}{8 \times 125} = \frac{125}{1000} = 0.125$$

● **소수를 분수로 나타내기**

소수를 분수로 나타낼 때에는 소수를 분모가 10, 100, 1000……인 분수로 고친 뒤 약분하여
기약분수로 나타냅니다.
1보다 큰 소수는 꼭 대분수로 나타냅니다.

보기

$$1.4 = 1\frac{\overset{2}{\cancel{4}}}{\underset{5}{\cancel{10}}} = 1\frac{2}{5}$$

$$0.36 = \frac{\overset{9}{\cancel{36}}}{\underset{25}{\cancel{100}}} = \frac{9}{25}$$

$$5.208 = 5\frac{\overset{26}{\cancel{208}}}{\underset{125}{\cancel{1000}}} = 5\frac{26}{125}$$

1 일차

분수와 소수

★ 분수를 소수로 나타내시오.

① $\dfrac{1}{2} =$

② $\dfrac{3}{8} =$

③ $\dfrac{7}{10} =$

④ $\dfrac{4}{25} =$

⑤ $\dfrac{7}{40} =$

⑥ $\dfrac{19}{200} =$

⑦ $\dfrac{103}{250} =$

⑧ $\dfrac{59}{1000} =$

⑨ $3\dfrac{1}{4} =$

⑩ $2\dfrac{2}{5} =$

⑪ $4\dfrac{1}{8} =$

⑫ $1\dfrac{9}{20} =$

⑬ $2\dfrac{11}{50} =$

⑭ $3\dfrac{23}{100} =$

⑮ $1\dfrac{31}{125} =$

⑯ $4\dfrac{7}{500} =$

분수와 소수

★ 소수를 분수로 나타내시오.

① $0.6 =$

② $0.9 =$

③ $0.08 =$

④ $0.25 =$

⑤ $0.48 =$

⑥ $0.003 =$

⑦ $0.054 =$

⑧ $0.625 =$

⑨ $1.2 =$

⑩ $2.7 =$

⑪ $1.16 =$

⑫ $3.02 =$

⑬ $5.24 =$

⑭ $1.022 =$

⑮ $4.125 =$

⑯ $2.308 =$

분수와 소수

★ 분수를 소수로 나타내시오.

① $\dfrac{3}{2} =$

② $\dfrac{3}{4} =$

③ $\dfrac{5}{8} =$

④ $\dfrac{37}{20} =$

⑤ $\dfrac{18}{25} =$

⑥ $\dfrac{107}{100} =$

⑦ $\dfrac{79}{200} =$

⑧ $\dfrac{253}{500} =$

⑨ $4\dfrac{1}{5} =$

⑩ $5\dfrac{9}{10} =$

⑪ $2\dfrac{22}{25} =$

⑫ $1\dfrac{13}{40} =$

⑬ $3\dfrac{31}{50} =$

⑭ $1\dfrac{16}{125} =$

⑮ $3\dfrac{201}{250} =$

⑯ $2\dfrac{9}{1000} =$

분수와 소수

★ 소수를 분수로 나타내시오.

① 0.3 =

② 0.8 =

③ 0.64 =

④ 0.02 =

⑤ 0.28 =

⑥ 0.036 =

⑦ 0.402 =

⑧ 0.524 =

⑨ 2.1 =

⑩ 1.6 =

⑪ 4.08 =

⑫ 5.34 =

⑬ 7.51 =

⑭ 2.105 =

⑮ 6.256 =

⑯ 3.092 =

3일차

분수와 소수

● 표준완성시간 : 5~6분

날짜	월	일
시간	분	초
오답 수	/	16

A형

★ 분수를 소수로 나타내시오.

① $\dfrac{1}{4}$ =

② $\dfrac{4}{5}$ =

③ $\dfrac{21}{10}$ =

④ $\dfrac{23}{25}$ =

⑤ $\dfrac{67}{40}$ =

⑥ $\dfrac{99}{50}$ =

⑦ $\dfrac{111}{125}$ =

⑧ $\dfrac{873}{1000}$ =

⑨ $3\dfrac{1}{2}$ =

⑩ $4\dfrac{7}{8}$ =

⑪ $2\dfrac{19}{20}$ =

⑫ $1\dfrac{43}{50}$ =

⑬ $4\dfrac{61}{100}$ =

⑭ $5\dfrac{7}{200}$ =

⑮ $3\dfrac{89}{250}$ =

⑯ $1\dfrac{153}{500}$ =

B형

날짜	월	일
시간	분	초
오답 수	/	16

분수와 소수

★ 소수를 분수로 나타내시오.

① 0.4 =

② 0.7 =

③ 0.05 =

④ 0.39 =

⑤ 0.84 =

⑥ 0.218 =

⑦ 0.506 =

⑧ 0.495 =

⑨ 3.8 =

⑩ 6.5 =

⑪ 1.32 =

⑫ 5.45 =

⑬ 9.06 =

⑭ 1.605 =

⑮ 5.372 =

⑯ 4.294 =

4일차

분수와 소수

● 표준완성시간 : 5~6분

날짜	월	일
시간	분	초
오답 수	/	16

A형

★ 분수를 소수로 나타내시오.

① $\dfrac{5}{2} =$

② $\dfrac{6}{5} =$

③ $\dfrac{61}{20} =$

④ $\dfrac{8}{25} =$

⑤ $\dfrac{77}{50} =$

⑥ $\dfrac{183}{200} =$

⑦ $\dfrac{309}{500} =$

⑧ $\dfrac{91}{1000} =$

⑨ $5\dfrac{3}{4} =$

⑩ $3\dfrac{1}{8} =$

⑪ $4\dfrac{3}{10} =$

⑫ $2\dfrac{27}{40} =$

⑬ $3\dfrac{1}{100} =$

⑭ $1\dfrac{62}{125} =$

⑮ $2\dfrac{157}{250} =$

⑯ $3\dfrac{83}{500} =$

분수와 소수

★ 소수를 분수로 나타내시오.

① $0.1 =$

② $0.5 =$

③ $0.42 =$

④ $0.63 =$

⑤ $0.95 =$

⑥ $0.304 =$

⑦ $0.198 =$

⑧ $0.845 =$

⑨ $5.4 =$

⑩ $7.2 =$

⑪ $2.56 =$

⑫ $6.15 =$

⑬ $8.72 =$

⑭ $1.139 =$

⑮ $6.245 =$

⑯ $3.736 =$

분수와 소수

★ 분수를 소수로 나타내시오.

① $\dfrac{13}{5} =$

② $\dfrac{9}{8} =$

③ $\dfrac{11}{20} =$

④ $\dfrac{97}{40} =$

⑤ $\dfrac{13}{125} =$

⑥ $\dfrac{259}{200} =$

⑦ $\dfrac{61}{250} =$

⑧ $\dfrac{419}{500} =$

⑨ $9\dfrac{1}{2} =$

⑩ $6\dfrac{3}{4} =$

⑪ $5\dfrac{1}{10} =$

⑫ $3\dfrac{16}{25} =$

⑬ $2\dfrac{21}{50} =$

⑭ $4\dfrac{57}{100} =$

⑮ $2\dfrac{84}{125} =$

⑯ $1\dfrac{693}{1000} =$

B형

날짜	월	일
시간	분	초
오답 수	/	16

분수와 소수

★ 소수를 분수로 나타내시오.

① 0.2 =

② 0.06 =

③ 0.37 =

④ 0.75 =

⑤ 0.064 =

⑥ 0.216 =

⑦ 0.375 =

⑧ 0.932 =

⑨ 4.6 =

⑩ 9.8 =

⑪ 1.76 =

⑫ 3.25 =

⑬ 5.96 =

⑭ 2.225 =

⑮ 4.502 =

⑯ 1.728 =

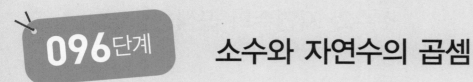

096단계   소수와 자연수의 곱셈

● 결과 기록지

① 1~5일차 학습에 걸린 시간을 각각 재서 그래프에 점을 찍습니다.

② 점과 점을 연결하여 기록의 변화를 확인합니다.

③ 오답 수를 세어 오답 수 칸에 씁니다.

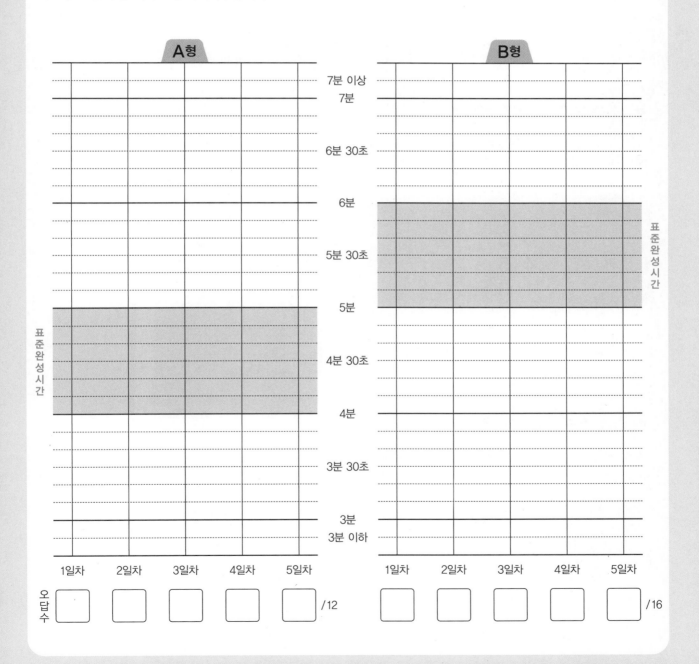

소수와 자연수의 곱셈

● **소수를 분수로 고쳐서 계산하기**

소수를 분모가 10, 100, 1000……인 분수로 고쳐서 분수의 곱셈으로 계산합니다.

보기

$$0.9 \times 4 = \frac{9}{10} \times 4 = \frac{9 \times 4}{10} = \frac{36}{10} = 3.6$$

$$2 \times 0.36 = 2 \times \frac{36}{100} = \frac{2 \times 36}{100} = \frac{72}{100} = 0.72$$

● **(소수)×(자연수), (자연수)×(소수)**

(소수)×(자연수), (자연수)×(소수)는 오른쪽 끝을 맞추어 쓴 다음 자연수의 곱셈처럼 계산하고, (소수)와 같은 위치에 곱의 소수점을 찍습니다.

보기

● **곱의 소수점의 위치 알기**

소수에 10, 100, 1000을 곱하면 곱하는 수의 0의 수만큼 소수점이 오른쪽으로 옮겨집니다. 자연수에 0.1, 0.01, 0.001을 곱하면 곱하는 수의 소수점 아래 자릿수만큼 소수점이 왼쪽으로 옮겨집니다.

보기

0.35 × 10 = 3.5	270 × 0.1 = 27
0.35 × 100 = 35	270 × 0.01 = 2.7
0.35 × 1000 = 350	270 × 0.001 = 0.27

소수와 자연수의 곱셈

★ 곱셈을 하시오.

①
```
      0.4
  ×     7
```

②
```
        8
  ×   0.3
```

③
```
      0.6
  ×     5
```

④
```
        9
  ×   0.7
```

⑤
```
     0.18
  ×     4
```

⑥
```
        3
  ×  0.27
```

⑦
```
     0.49
  ×     3
```

⑧
```
        6
  ×  0.95
```

⑨
```
      0.2
  ×    36
```

⑩
```
       29
  ×   0.8
```

⑪
```
     0.37
  ×    24
```

⑫
```
       31
  ×  0.54
```

날짜	월	일
시간	분	초
오답 수	/	16

B형

소수와 자연수의 곱셈

★ 곱셈을 하시오.

① $0.2 \times 6 =$

② $0.39 \times 5 =$

③ $0.5 \times 40 =$

④ $0.07 \times 13 =$

⑤ $0.43 \times 52 =$

⑥ $0.58 \times 10 =$

⑦ $0.58 \times 100 =$

⑧ $0.58 \times 1000 =$

⑨ $4 \times 0.9 =$

⑩ $7 \times 0.85 =$

⑪ $67 \times 0.3 =$

⑫ $27 \times 0.09 =$

⑬ $84 \times 0.26 =$

⑭ $470 \times 0.1 =$

⑮ $470 \times 0.01 =$

⑯ $470 \times 0.001 =$

2일차

소수와 자연수의 곱셈

날짜	월	일
시간	분	초
오답 수	/	12

A 형

● 표준완성시간 : 4~5분

★ 곱셈을 하시오.

①
```
      1.1
×       4
```

②
```
        3
×     2.7
```

③
```
      5.2
×       8
```

④
```
        7
×     4.3
```

⑤
```
      2.05
×        3
```

⑥
```
         2
×     4.28
```

⑦
```
      6.47
×        5
```

⑧
```
         8
×     7.16
```

⑨
```
      1.9
×      15
```

⑩
```
      5.6
×      9.3
```

⑪
```
      3.25
×       16
```

⑫
```
      2.9
×     8.34
```

소수와 자연수의 곱셈

★ 곱셈을 하시오.

① 1.4 × 7 =

② 3.17 × 6 =

③ 2.8 × 25 =

④ 6.09 × 17 =

⑤ 4.32 × 56 =

⑥ 1.73 × 10 =

⑦ 1.73 × 100 =

⑧ 1.73 × 1000 =

⑨ 5 × 6.8 =

⑩ 9 × 7.52 =

⑪ 73 × 4.9 =

⑫ 31 × 5.06 =

⑬ 84 × 2.98 =

⑭ 92 × 0.1 =

⑮ 92 × 0.01 =

⑯ 92 × 0.001 =

소수와 자연수의 곱셈

★ 곱셈을 하시오.

①
```
    0.5
×    9
```

②
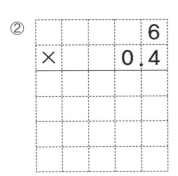
```
      6
×   0.4
```

③
```
  0.3 8
×     7
```

④
```
      4
× 0.9 3
```

⑤
```
    0.7
×   2 6
```

⑥
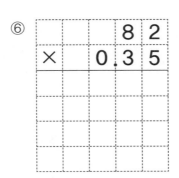
```
    8 2
× 0.3 5
```

⑦
```
    2.4
×     6
```

⑧
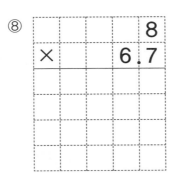
```
      8
×   6.7
```

⑨
```
  3.4 9
×     7
```

⑩
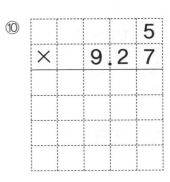
```
      5
× 9.2 7
```

⑪
```
    4.6
×   5 9
```

⑫
```
    3 7
× 2.8 5
```

B형

날짜	월	일
시간	분	초
오답 수	/	16

소수와 자연수의 곱셈

★ 곱셈을 하시오.

① 0.8×3 =

② 0.74×6 =

③ 4.7×5 =

④ 7.06×7 =

⑤ 5.93×72 =

⑥ 0.9×10 =

⑦ 3.46×100 =

⑧ 0.81×1000 =

⑨ 63×0.7 =

⑩ 38×0.56 =

⑪ 85×2.5 =

⑫ 4×9.18 =

⑬ 57×8.45 =

⑭ 17×0.1 =

⑮ 503×0.01 =

⑯ 829×0.001 =

4일차

소수와 자연수의 곱셈

● 표준완성시간 : 4~5분

날짜	월	일
시간	분	초
오답 수	/	12

A형

★ 곱셈을 하시오.

①
```
        0.8
  ×       6
```

②
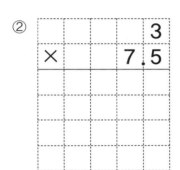
```
          3
  ×     7.5
```

③
```
        4 9
  ×     0.7
```

④
```
        6.3
  ×     5 0
```

⑤
```
      1 6.4
  ×       9
```

⑥
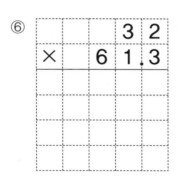
```
        3 2
  ×   6 1.3
```

⑦
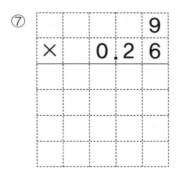
```
          9
  ×   0.2 6
```

⑧
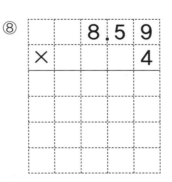
```
      8.5 9
  ×       4
```

⑨
```
        0.1 7
  ×       5 2
```

⑩
```
          6 8
  ×     3.9 1
```

⑪
```
        2 0 6
  ×     0.5 8
```

⑫
```
        2.7 1
  ×     1 9 8
```

소수와 자연수의 곱셈

★ 곱셈을 하시오.

① $0.4 \times 20 =$

② $6.5 \times 16 =$

③ $0.78 \times 4 =$

④ $4.19 \times 9 =$

⑤ $8.07 \times 54 =$

⑥ $2.1 \times 10 =$

⑦ $0.13 \times 100 =$

⑧ $8.206 \times 1000 =$

⑨ $9 \times 1.7 =$

⑩ $5 \times 13.9 =$

⑪ $8 \times 2.06 =$

⑫ $37 \times 0.93 =$

⑬ $69 \times 3.85 =$

⑭ $174 \times 0.1 =$

⑮ $580 \times 0.01 =$

⑯ $793 \times 0.001 =$

5일차
소수와 자연수의 곱셈
● 표준완성시간 : 4~5분

날짜	월 일
시간	분 초
오답 수	/ 12

A형

★ 곱셈을 하시오.

①
```
        7
×   0 . 5
```

⑤
```
        8
×  2 1 . 7
```

⑨
```
      6 3
×  0 . 8 1
```

②
```
    6 . 9
×       3
```

⑥
```
    7 . 4
×   3 2 5
```

⑩
```
    4 . 7 6
×     7 3
```

③
```
    0 . 4
×   8 2
```

⑦
```
  0 . 5 6
×       8
```

⑪
```
  0 . 3 9
×  4 2 5
```

④
```
    7 6
×  3 . 8
```

⑧
```
        9
×  4 . 7 5
```

⑫
```
    2 8 6
×  2 . 3 7
```

소수와 자연수의 곱셈

★ 곱셈을 하시오.

① $2.7 \times 4 =$

② $0.9 \times 63 =$

③ $0.46 \times 7 =$

④ $6.83 \times 5 =$

⑤ $3.69 \times 72 =$

⑥ $0.56 \times 10 =$

⑦ $3.2 \times 100 =$

⑧ $4.85 \times 1000 =$

⑨ $9 \times 3.8 =$

⑩ $40 \times 2.6 =$

⑪ $8 \times 1.89 =$

⑫ $94 \times 0.78 =$

⑬ $58 \times 4.97 =$

⑭ $6 \times 0.1 =$

⑮ $74 \times 0.01 =$

⑯ $906 \times 0.001 =$

소수의 곱셈 ①

● 결과 기록지

① 1~5일차 학습에 걸린 시간을 각각 재서 그래프에 점을 찍습니다.

② 점과 점을 연결하여 기록의 변화를 확인합니다.

③ 오답 수를 세어 오답 수 칸에 씁니다.

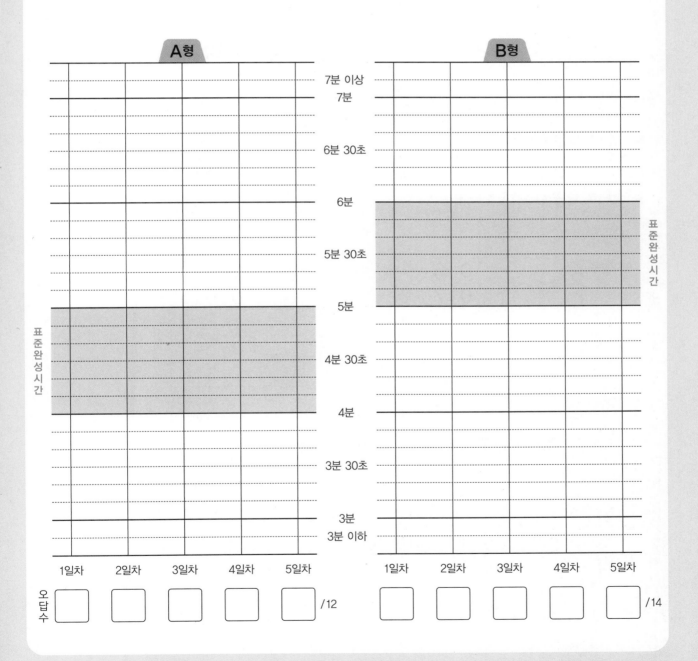

소수의 곱셈 ①

● 소수를 분수로 고쳐서 계산하기

소수를 분모가 10, 100, 1000……인 분수로 고쳐서 분수의 곱셈으로 계산합니다.

보기

$$0.3 \times 0.5 = \frac{3}{10} \times \frac{5}{10} = \frac{15}{100} = 0.15$$

$$0.72 \times 0.8 = \frac{72}{100} \times \frac{8}{10} = \frac{576}{1000} = 0.576$$

● 1보다 작은 (소수)×(소수)

1보다 작은 소수의 곱셈은 자연수의 곱셈처럼 계산하고, 곱의 소수점 아래의 자릿수는 곱하는 두 소수의 소수점 아래 자릿수의 합과 같습니다.

보기

세로셈

```
        0.6      ← 소수 한 자리
    ×   0.7      ← 소수 한 자리
        0.4 2    ← 소수 두 자리
```

```
          0.3 4    ← 소수 두 자리
    ×     0.9 5    ← 소수 두 자리
            1 7 0
          3 0 6
        0.3 2 3 0  ← 소수 네 자리
              ↑
    소수점 아래 마지막 0은 생략
    하여 나타낼 수 있습니다.
```

가로셈 $0.6 \times 0.7 \Rightarrow 6 \times 7 = 42 \Rightarrow 0.42$

> 소수점 아래 자릿수가 0.6과 0.7이 각각 1개이므로 곱의 소수점 아래 자릿수는 1+1=2(개)

$0.34 \times 0.95 \Rightarrow 34 \times 95 = 3230 \Rightarrow 0.323$

> 소수점 아래 자릿수가 0.34와 0.95가 각각 2개이므로 곱의 소수점 아래 자릿수는 2+2=4(개)

소수의 곱셈 ①

★ 곱셈을 하시오.

①
```
      0.1
  ×   0.4
```

⑤
```
     0.06
  ×   0.1
```

⑨
```
     0.13
  × 0.08
```

②
```
      0.7
  ×   0.2
```

⑥
```
      0.3
  × 0.07
```

⑩
```
     0.04
  × 0.69
```

③
```
      0.5
  ×   0.8
```

⑦
```
     0.17
  ×   0.4
```

⑪
```
     0.24
  × 0.37
```

④
```
      0.9
  ×   0.3
```

⑧
```
      0.8
  × 0.52
```

⑫
```
     0.71
  × 0.86
```

● 표준완성시간 : 5~6분

날짜	월	일
시간	분	초
오답 수	/ 14	

소수의 곱셈 ①

★ 곱셈을 하시오.

① $0.5 \times 0.1 =$

② $0.6 \times 0.4 =$

③ $0.07 \times 0.1 =$

④ $0.3 \times 0.01 =$

⑤ $0.7 \times 0.26 =$

⑥ $0.01 \times 0.83 =$

⑦ $0.76 \times 0.18 =$

⑧ $0.1 \times 0.9 =$

⑨ $0.8 \times 0.2 =$

⑩ $0.1 \times 0.54 =$

⑪ $0.04 \times 0.8 =$

⑫ $0.09 \times 0.01 =$

⑬ $0.45 \times 0.06 =$

⑭ $0.39 \times 0.62 =$

2일차

소수의 곱셈 ①

●표준완성시간 : 4~5분

날짜	월	일
시간	분	초
오답 수		/ 12

A형

★ 곱셈을 하시오.

①
```
      0.3
  ×   0.1
```

⑤
```
      0.2
  ×  0.09
```

⑨
```
    0.05
  × 0.27
```

②
```
      0.4
  ×   0.5
```

⑥
```
    0.06
  ×  0.8
```

⑩
```
    0.78
  × 0.07
```

③
```
      0.2
  ×   0.9
```

⑦
```
      0.7
  ×  0.12
```

⑪
```
    0.18
  × 0.64
```

④
```
      0.8
  ×   0.6
```

⑧
```
    0.93
  ×  0.4
```

⑫
```
    0.59
  × 0.35
```

B형

날짜	월	일
시간	분	초
오답 수		/ 14

소수의 곱셈 ①

★ 곱셈을 하시오.

① $0.1 \times 0.8 =$

② $0.5 \times 0.3 =$

③ $0.1 \times 0.06 =$

④ $0.01 \times 0.2 =$

⑤ $0.94 \times 0.7 =$

⑥ $0.26 \times 0.01 =$

⑦ $0.23 \times 0.74 =$

⑧ $0.7 \times 0.1 =$

⑨ $0.4 \times 0.9 =$

⑩ $0.81 \times 0.1 =$

⑪ $0.6 \times 0.08 =$

⑫ $0.01 \times 0.05 =$

⑬ $0.09 \times 0.35 =$

⑭ $0.58 \times 0.82 =$

소수의 곱셈 ①

★ 곱셈을 하시오.

①
```
      0.6
  ×   0.2
```

②
```
      0.3
  ×   0.8
```

③
```
     0.09
  ×   0.4
```

④
```
      0.7
  × 0.05
```

⑤
```
     0.25
  ×   0.6
```

⑥
```
      0.9
  × 0.47
```

⑦
```
     0.17
  × 0.08
```

⑧
```
     0.03
  × 0.63
```

⑨
```
     0.56
  × 0.32
```

⑩
```
     0.61
  × 0.85
```

⑪
```
    0.003
  ×   0.9
```

⑫
```
      0.8
  × 0.016
```

날짜	월	일
시간	분	초
오답 수	/	14

B형

소수의 곱셈 ①

★ 곱셈을 하시오.

① $0.5 \times 0.8 =$

② $0.07 \times 0.3 =$

③ $0.15 \times 0.9 =$

④ $0.36 \times 0.05 =$

⑤ $0.23 \times 0.84 =$

⑥ $0.006 \times 0.1 =$

⑦ $0.094 \times 0.1 =$

⑧ $0.9 \times 0.6 =$

⑨ $0.2 \times 0.08 =$

⑩ $0.4 \times 0.67 =$

⑪ $0.06 \times 0.48 =$

⑫ $0.77 \times 0.54 =$

⑬ $0.6 \times 0.003 =$

⑭ $0.4 \times 0.072 =$

4일차

소수의 곱셈 ①

●표준완성시간 : 4~5분

날짜	월	일
시간	분	초
오답 수		/ 12

A형

★ 곱셈을 하시오.

①
```
      0 . 8
×     0 . 4
```

②
```
      0 . 7
×     0 . 6
```

③
```
      0 . 5
×   0 . 0 3
```

④
```
    0 . 2 8
×     0 . 9
```

⑤
```
    0 . 0 6
×   0 . 0 2
```

⑥
```
    0 . 8 5
×   0 . 0 4
```

⑦
```
    0 . 4 1
×   0 . 7 8
```

⑧
```
    0 . 9 6
×   0 . 3 7
```

⑨
```
      0 . 9
× 0 . 0 0 7
```

⑩
```
  0 . 0 4 8
×     0 . 3
```

⑪
```
      0 . 2
× 0 . 8 0 9
```

⑫
```
  0 . 5 1 7
×     0 . 8
```

★ 곱셈을 하시오.

① $0.3 \times 0.7 =$

② $0.6 \times 0.15 =$

③ $0.02 \times 0.09 =$

④ $0.71 \times 0.34 =$

⑤ $0.84 \times 0.18 =$

⑥ $0.008 \times 0.4 =$

⑦ $0.291 \times 0.1 =$

⑧ $0.5 \times 0.8 =$

⑨ $0.58 \times 0.6 =$

⑩ $0.07 \times 0.45 =$

⑪ $0.26 \times 0.67 =$

⑫ $0.43 \times 0.95 =$

⑬ $0.3 \times 0.059 =$

⑭ $0.6 \times 0.316 =$

5일차 소수의 곱셈 ①

★ 곱셈을 하시오.

①
```
      0 . 9
×     0 . 5
```

②
```
      0 . 6
×     0 . 4
```

③
```
    0 . 0 2
×     0 . 8
```

④
```
      0 . 7
×   0 . 3 2
```

⑤
```
    0 . 0 3
×   0 . 1 8
```

⑥
```
    0 . 7 1
×   0 . 0 6
```

⑦
```
    0 . 5 3
×   0 . 6 4
```

⑧
```
    0 . 8 2
×   0 . 2 9
```

⑨
```
  0 . 0 0 5
×     0 . 6
```

⑩
```
      0 . 8
× 0 . 0 1 8
```

⑪
```
  0 . 7 0 4
×     0 . 3
```

⑫
```
      0 . 9
× 0 . 4 9 3
```

소수의 곱셈 ①

★ 곱셈을 하시오.

① $0.1 \times 0.3 =$

② $0.14 \times 0.9 =$

③ $0.04 \times 0.35 =$

④ $0.48 \times 0.12 =$

⑤ $0.37 \times 0.54 =$

⑥ $0.6 \times 0.007 =$

⑦ $0.4 \times 0.506 =$

⑧ $0.7 \times 0.8 =$

⑨ $0.5 \times 0.63 =$

⑩ $0.89 \times 0.06 =$

⑪ $0.65 \times 0.56 =$

⑫ $0.81 \times 0.98 =$

⑬ $0.027 \times 0.8 =$

⑭ $0.358 \times 0.5 =$

098단계 소수의 곱셈 ②

● **결과 기록지**

① 1~5일차 학습에 걸린 시간을 각각 재서 그래프에 점을 찍습니다.

② 점과 점을 연결하여 기록의 변화를 확인합니다.

③ 오답 수를 세어 오답 수 칸에 씁니다.

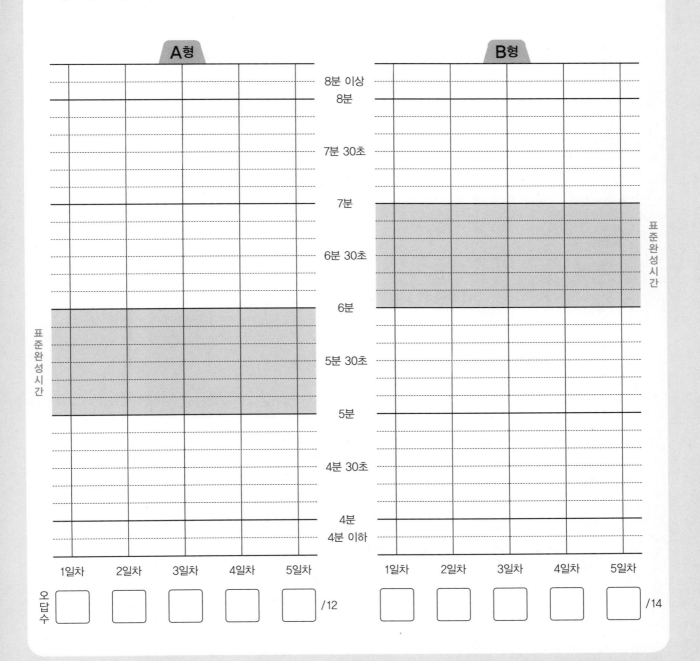

소수의 곱셈 ②

● 소수를 분수로 고쳐서 계산하기

소수를 분모가 10, 100, 1000……인 분수로 고쳐서 분수의 곱셈으로 계산합니다.

보기

$$3.8 \times 2.7 = \frac{38}{10} \times \frac{27}{10} = \frac{1026}{100} = 10.26$$

$$4.62 \times 1.5 = \frac{462}{100} \times \frac{15}{10} = \frac{6930}{1000} = 6.93$$

● (소수)×(소수)

소수의 곱셈은 자연수의 곱셈처럼 계산하고, 곱의 소수점 아래의 자릿수는 곱하는 두 소수의 소수점 아래 자릿수의 합과 같습니다.

보기

세로셈

			2 .	6	← 소수 한 자리
×			4 .	9	← 소수 한 자리
		2	3	4	
	1	0	4		
	1	2 .	7	4	← 소수 두 자리

				5 .	3	← 소수 한 자리
×			6 .	1	4	← 소수 두 자리
			2	1	2	
			5	3		
	3	1	8			
	3	2 .	5	4	2	← 소수 세 자리

가로셈 $2.6 \times 4.9 \Rightarrow 26 \times 49 = 1274 \Rightarrow 12.74$

> 소수점 아래 자릿수가 2.6과 4.9가 각각 1개이므로 곱의 소수점 아래 자릿수는 1+1=2(개)

$5.3 \times 6.14 \Rightarrow 53 \times 614 = 32542 \Rightarrow 32.542$

> 소수점 아래 자릿수가 5.3은 1개, 6.14는 2개이므로 곱의 소수점 아래 자릿수는 1+2=3(개)

1일차

소수의 곱셈 ②

● 표준완성시간 : 5～6분

날짜	월	일
시간	분	초
오답 수	/	12

A형

★ 곱셈을 하시오.

①
```
      0.7
×     1.8
```

②
```
      2.5
×     0.4
```

③
```
      4.3
×     3.6
```

④
```
      0.5
×   2.7 3
```

⑤
```
      0.6 9
×     5.2
```

⑥
```
      6.8
×   1.9 5
```

⑦
```
      3.2 7
×     8.3
```

⑧
```
      0.7 4
×   5.1 6
```

⑨
```
      4.3 5
×   0.3 4
```

⑩
```
      1.4 7
×   5.1 3
```

⑪
```
      6.5 8
×   2.6 5
```

⑫
```
      3.4 2
×   1.8 9
```

B형

날짜	월	일
시간	분	초
오답 수	/ 14	

소수의 곱셈 ②

★ 곱셈을 하시오.

① $2.1 \times 0.1 =$

② $5.7 \times 4.6 =$

③ $3.19 \times 0.7 =$

④ $1.8 \times 2.94 =$

⑤ $3.28 \times 0.01 =$

⑥ $7.38 \times 1.24 =$

⑦ $19.8 \times 3.47 =$

⑧ $0.5 \times 3.8 =$

⑨ $8.1 \times 6.3 =$

⑩ $7.5 \times 0.85 =$

⑪ $6.71 \times 5.9 =$

⑫ $0.96 \times 4.25 =$

⑬ $5.79 \times 6.03 =$

⑭ $2.64 \times 83.1 =$

소수의 곱셈 ②

★ 곱셈을 하시오.

①
```
    1.6
×   0.4
```

②
```
    0.8
×   3.7
```

③
```
    2.9
×   7.3
```

④
```
    1.7 8
×     0.9
```

⑤
```
    4.8
×   0.5 2
```

⑥
```
    2.1 3
×     5.9
```

⑦
```
    3.4
×   4.3 8
```

⑧
```
    3.5 1
×   0.6 5
```

⑨
```
    0.2 7
×   7.2 3
```

⑩
```
    6.4 2
×   1.6 8
```

⑪
```
    4.7 6
×   8.3 5
```

⑫
```
    2.7 3
×   4.1 7
```

소수의 곱셈 ②

★ 곱셈을 하시오.

① $0.1 \times 7.6 =$

② $3.4 \times 8.5 =$

③ $0.6 \times 5.37 =$

④ $3.28 \times 2.7 =$

⑤ $0.01 \times 9.36 =$

⑥ $1.85 \times 8.41 =$

⑦ $1.79 \times 28.4 =$

⑧ $4.3 \times 0.9 =$

⑨ $6.7 \times 2.8 =$

⑩ $0.49 \times 8.2 =$

⑪ $7.5 \times 6.32 =$

⑫ $4.54 \times 0.73 =$

⑬ $7.94 \times 2.68 =$

⑭ $48.2 \times 3.47 =$

소수의 곱셈 ②

★ 곱셈을 하시오.

①
```
      0.8
  ×   4.2
```

②
```
      1.9
  ×   7.4
```

③
```
      9.3
  ×   2.6
```

④
```
      0.4
  × 8.1 3
```

⑤
```
    0.3 9
  ×   9.3
```

⑥
```
      4.7
  × 2.6 5
```

⑦
```
    1 8.6
  ×   3.7
```

⑧
```
    0.5 2
  × 6.2 8
```

⑨
```
    5.7 4
  × 0.7 5
```

⑩
```
    2.2 3
  × 4.0 6
```

⑪
```
    9.3 4
  × 5.6 5
```

⑫
```
    3 8.9
  × 3.1 4
```

소수의 곱셈 ②

★ 곱셈을 하시오.

① $1.7 \times 0.5 =$

② $4.3 \times 7.9 =$

③ $8.72 \times 0.1 =$

④ $3.3 \times 5.69 =$

⑤ $6.81 \times 0.16 =$

⑥ $2.93 \times 1.47 =$

⑦ $32.6 \times 2.51 =$

⑧ $0.4 \times 6.8 =$

⑨ $9.6 \times 5.7 =$

⑩ $4.9 \times 0.01 =$

⑪ $9.42 \times 2.4 =$

⑫ $0.78 \times 3.06 =$

⑬ $4.65 \times 7.34 =$

⑭ $4.58 \times 53.2 =$

4일차

소수의 곱셈 ②

● 표준완성시간 : 5~6분

날짜	월	일
시간	분	초
오답 수		/ 12

★ 곱셈을 하시오.

①
```
      5.7
  ×   0.6
```

②
```
      8.6
  ×   1.3
```

③
```
      3.2
  ×   7.8
```

④
```
      6.07
  ×   0.5
```

⑤
```
      7.3
  × 0.87
```

⑥
```
      4.98
  ×   5.4
```

⑦
```
      4.6
  × 40.9
```

⑧
```
      7.21
  × 0.46
```

⑨
```
      0.92
  × 6.26
```

⑩
```
      3.37
  × 3.58
```

⑪
```
      2.84
  × 8.23
```

⑫
```
      4.95
  × 5.24
```

소수의 곱셈 ②

★ 곱셈을 하시오.

① $0.8 \times 3.9 =$

② $5.4 \times 7.2 =$

③ $0.7 \times 7.43 =$

④ $26.4 \times 9.5 =$

⑤ $0.16 \times 6.47 =$

⑥ $2.58 \times 8.75 =$

⑦ $2.93 \times 46.3 =$

⑧ $6.7 \times 0.3 =$

⑨ $8.6 \times 2.8 =$

⑩ $0.93 \times 4.5 =$

⑪ $7.9 \times 3.66 =$

⑫ $58.7 \times 0.62 =$

⑬ $9.31 \times 4.18 =$

⑭ $61.8 \times 5.29 =$

소수의 곱셈 ②

★ 곱셈을 하시오.

①
$$4.5 \times 1.7$$

②
$$2.6 \times 9.4$$

③
$$0.7 \times 12.5$$

④
$$4.36 \times 0.8$$

⑤
$$1.32 \times 5.6$$

⑥
$$6.8 \times 3.79$$

⑦
$$21.8 \times 7.5$$

⑧
$$0.93 \times 8.14$$

⑨
$$38.3 \times 0.65$$

⑩
$$5.31 \times 2.98$$

⑪
$$4.76 \times 6.27$$

⑫
$$72.7 \times 2.96$$

B형

날짜	월	일
시간	분	초
오답 수	/	14

소수의 곱셈 ②

★ 곱셈을 하시오.

① $4.6 \times 0.7 =$

② $3.4 \times 9.8 =$

③ $72.8 \times 0.9 =$

④ $2.9 \times 5.94 =$

⑤ $7.37 \times 0.91 =$

⑥ $5.76 \times 3.67 =$

⑦ $2.86 \times 79.3 =$

⑧ $0.6 \times 8.9 =$

⑨ $6.5 \times 5.3 =$

⑩ $7.7 \times 0.32 =$

⑪ $67.3 \times 6.2 =$

⑫ $0.48 \times 6.84 =$

⑬ $17.8 \times 9.26 =$

⑭ $81.4 \times 42.5 =$

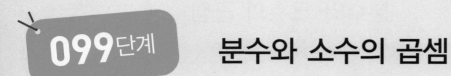

분수와 소수의 곱셈

099단계

● **결과 기록지**

① 1~5일차 학습에 걸린 시간을 각각 재서 그래프에 점을 찍습니다.
② 점과 점을 연결하여 기록의 변화를 확인합니다.
③ 오답 수를 세어 오답 수 칸에 씁니다.

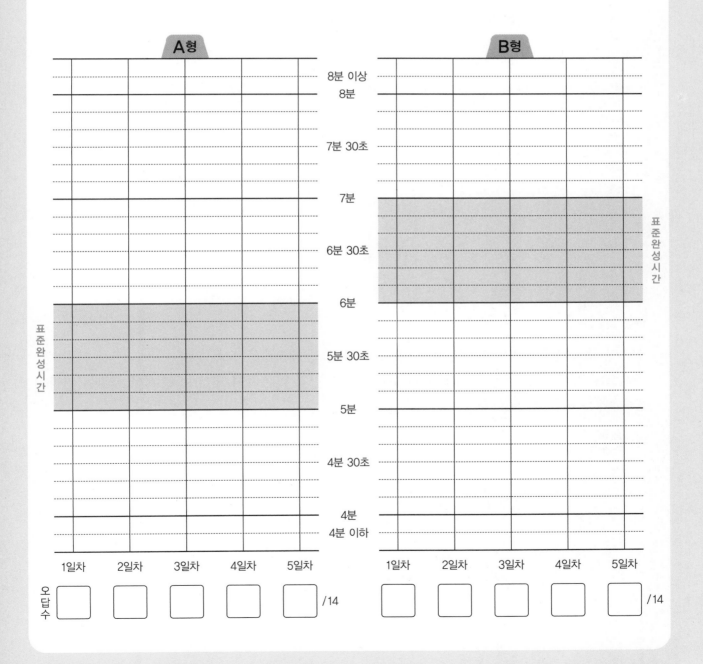

분수와 소수의 곱셈

● (소수)×(진분수), (진분수)×(소수)

소수를 분모가 10, 100, 1000……인 분수로 고쳐서 분수의 곱셈으로 계산합니다. 계산 과정에서 약분이 되면 먼저 약분하여 계산하고, 계산 결과는 기약분수, 대분수로 나타냅니다.

보기

$$0.6 \times \frac{3}{4} = \frac{\overset{3}{\cancel{6}}}{10} \times \frac{3}{\underset{2}{\cancel{4}}} = \frac{3 \times 3}{10 \times 2} = \frac{9}{20}$$

$$\frac{8}{9} \times 1.23 = \frac{\overset{2}{\cancel{8}}}{\underset{3}{\cancel{9}}} \times \frac{\overset{41}{\cancel{123}}}{\underset{25}{\cancel{100}}} = \frac{2 \times 41}{3 \times 25} = \frac{82}{75} = 1\frac{7}{75}$$

● (소수)×(대분수), (대분수)×(소수)

소수를 분모가 10, 100, 1000……인 분수로 고치고, 대분수는 모두 가분수로 고쳐서 분수의 곱셈으로 계산합니다. 계산 과정에서 약분이 되면 먼저 약분하여 계산하고, 계산 결과는 기약분수, 대분수로 나타냅니다.

보기

$$1.4 \times 4\frac{1}{6} = \frac{\overset{7}{\cancel{14}}}{\underset{2}{\cancel{10}}} \times \frac{\overset{5}{\cancel{25}}}{\underset{3}{\cancel{6}}} = \frac{7 \times 5}{2 \times 3} = \frac{35}{6} = 5\frac{5}{6}$$

$$1\frac{3}{8} \times 0.76 = \frac{11}{\underset{2}{\cancel{8}}} \times \frac{\overset{19}{\cancel{76}}}{100} = \frac{11 \times 19}{2 \times 100} = \frac{209}{200} = 1\frac{9}{200}$$

분수와 소수의 곱셈

★ 계산을 하시오.

① $0.2 \times \dfrac{1}{5} =$

② $0.3 \times \dfrac{5}{6} =$

③ $0.9 \times \dfrac{2}{3} =$

④ $0.16 \times \dfrac{1}{4} =$

⑤ $0.35 \times \dfrac{2}{7} =$

⑥ $0.56 \times \dfrac{5}{8} =$

⑦ $0.72 \times \dfrac{4}{9} =$

⑧ $\dfrac{1}{3} \times 0.5 =$

⑨ $\dfrac{4}{7} \times 0.7 =$

⑩ $\dfrac{3}{8} \times 0.4 =$

⑪ $\dfrac{1}{6} \times 0.42 =$

⑫ $\dfrac{4}{5} \times 0.55 =$

⑬ $\dfrac{2}{9} \times 0.39 =$

⑭ $\dfrac{3}{4} \times 0.92 =$

B형

날짜	월	일
시간	분	초
오답 수	/	14

분수와 소수의 곱셈

★ 계산을 하시오.

① $0.6 \times \dfrac{3}{2} =$

② $0.8 \times \dfrac{5}{4} =$

③ $0.24 \times \dfrac{7}{6} =$

④ $0.45 \times \dfrac{10}{9} =$

⑤ $0.9 \times 1\dfrac{1}{3} =$

⑥ $0.75 \times 1\dfrac{3}{5} =$

⑦ $0.64 \times 3\dfrac{4}{7} =$

⑧ $\dfrac{5}{3} \times 0.2 =$

⑨ $\dfrac{8}{7} \times 0.5 =$

⑩ $\dfrac{12}{5} \times 0.35 =$

⑪ $\dfrac{11}{8} \times 0.68 =$

⑫ $1\dfrac{3}{4} \times 0.8 =$

⑬ $1\dfrac{1}{6} \times 0.27 =$

⑭ $2\dfrac{2}{9} \times 0.72 =$

분수와 소수의 곱셈

2일차

★ 계산을 하시오.

① $0.4 \times \dfrac{1}{6} =$

② $1.6 \times \dfrac{3}{8} =$

③ $3.5 \times \dfrac{4}{5} =$

④ $0.24 \times \dfrac{1}{2} =$

⑤ $0.68 \times \dfrac{5}{12} =$

⑥ $1.35 \times \dfrac{2}{9} =$

⑦ $2.52 \times \dfrac{1}{18} =$

⑧ $\dfrac{1}{4} \times 0.8 =$

⑨ $\dfrac{7}{9} \times 1.8 =$

⑩ $\dfrac{6}{7} \times 4.2 =$

⑪ $\dfrac{2}{11} \times 0.33 =$

⑫ $\dfrac{5}{6} \times 0.57 =$

⑬ $\dfrac{3}{14} \times 1.12 =$

⑭ $\dfrac{5}{8} \times 1.44 =$

●표준완성시간 : 6~7분

분수와 소수의 곱셈

★ 계산을 하시오.

① $0.9 \times \dfrac{8}{5} =$

② $2.7 \times \dfrac{5}{3} =$

③ $0.48 \times \dfrac{7}{4} =$

④ $1.25 \times \dfrac{13}{10} =$

⑤ $0.4 \times 1\dfrac{1}{5} =$

⑥ $0.72 \times 1\dfrac{5}{9} =$

⑦ $1.04 \times 2\dfrac{4}{13} =$

⑧ $\dfrac{9}{8} \times 0.6 =$

⑨ $\dfrac{11}{6} \times 2.4 =$

⑩ $\dfrac{5}{2} \times 0.62 =$

⑪ $\dfrac{16}{15} \times 1.35 =$

⑫ $2\dfrac{1}{7} \times 2.1 =$

⑬ $1\dfrac{7}{18} \times 1.98 =$

⑭ $2\dfrac{2}{9} \times 0.87 =$

분수와 소수의 곱셈

★ 계산을 하시오.

① $0.6 \times \dfrac{1}{4} =$

② $4.2 \times \dfrac{4}{7} =$

③ $5.1 \times \dfrac{8}{9} =$

④ $0.63 \times \dfrac{2}{3} =$

⑤ $2.56 \times \dfrac{3}{8} =$

⑥ $0.96 \times \dfrac{7}{20} =$

⑦ $1.68 \times \dfrac{5}{12} =$

⑧ $\dfrac{1}{6} \times 0.5 =$

⑨ $\dfrac{3}{5} \times 7.5 =$

⑩ $\dfrac{7}{10} \times 2.6 =$

⑪ $\dfrac{3}{4} \times 0.48 =$

⑫ $\dfrac{4}{15} \times 0.85 =$

⑬ $\dfrac{5}{9} \times 2.79 =$

⑭ $\dfrac{8}{21} \times 3.64 =$

날짜	월	일
시간	분	초
오답 수	/ 14	

B형

분수와 소수의 곱셈

★ 계산을 하시오.

① $0.4 \times \dfrac{7}{2} =$

⑧ $\dfrac{8}{3} \times 0.6 =$

② $0.26 \times \dfrac{15}{13} =$

⑨ $\dfrac{10}{7} \times 0.34 =$

③ $2.1 \times \dfrac{11}{9} =$

⑩ $\dfrac{16}{11} \times 3.3 =$

④ $1.28 \times \dfrac{13}{8} =$

⑪ $\dfrac{19}{17} \times 2.72 =$

⑤ $5.2 \times 3\dfrac{3}{4} =$

⑫ $4\dfrac{1}{6} \times 0.3 =$

⑥ $0.87 \times 2\dfrac{2}{3} =$

⑬ $4\dfrac{4}{5} \times 0.65 =$

⑦ $3.75 \times 2\dfrac{2}{15} =$

⑭ $3\dfrac{3}{14} \times 2.38 =$

4일차

분수와 소수의 곱셈

● 표준완성시간 : 5~6분

날짜	월	일
시간	분	초
오답 수		/ 14

A형

★ 계산을 하시오.

① $0.8 \times \dfrac{1}{3} =$

② $2.7 \times \dfrac{5}{6} =$

③ $6.5 \times \dfrac{2}{5} =$

④ $0.44 \times \dfrac{7}{8} =$

⑤ $0.35 \times \dfrac{9}{14} =$

⑥ $6.75 \times \dfrac{4}{9} =$

⑦ $2.56 \times \dfrac{7}{24} =$

⑧ $\dfrac{1}{9} \times 0.6 =$

⑨ $\dfrac{3}{4} \times 3.4 =$

⑩ $\dfrac{4}{11} \times 7.7 =$

⑪ $\dfrac{6}{7} \times 0.56 =$

⑫ $\dfrac{3}{5} \times 2.75 =$

⑬ $\dfrac{9}{16} \times 0.72 =$

⑭ $\dfrac{11}{12} \times 3.04 =$

날짜	월	일
시간	분	초
오답 수		/ 14

B형

분수와 소수의 곱셈

★ 계산을 하시오.

① $0.3 \times \dfrac{14}{9} =$

② $4.5 \times \dfrac{16}{15} =$

③ $0.34 \times \dfrac{15}{4} =$

④ $1.75 \times \dfrac{15}{14} =$

⑤ $0.7 \times 6\dfrac{2}{3} =$

⑥ $0.49 \times 1\dfrac{5}{21} =$

⑦ $2.36 \times 2\dfrac{3}{11} =$

⑧ $\dfrac{11}{6} \times 0.9 =$

⑨ $\dfrac{9}{8} \times 6.8 =$

⑩ $\dfrac{13}{10} \times 0.72 =$

⑪ $\dfrac{20}{13} \times 2.47 =$

⑫ $2\dfrac{1}{7} \times 4.2 =$

⑬ $3\dfrac{9}{22} \times 0.55 =$

⑭ $3\dfrac{4}{27} \times 4.59 =$

분수와 소수의 곱셈

★ 계산을 하시오.

① $0.5 \times \dfrac{1}{7} =$

② $7.6 \times \dfrac{5}{8} =$

③ $3.5 \times \dfrac{4}{15} =$

④ $0.84 \times \dfrac{7}{9} =$

⑤ $1.75 \times \dfrac{6}{7} =$

⑥ $0.65 \times \dfrac{12}{13} =$

⑦ $3.24 \times \dfrac{10}{27} =$

⑧ $\dfrac{1}{8} \times 0.4 =$

⑨ $\dfrac{5}{6} \times 4.5 =$

⑩ $\dfrac{7}{12} \times 5.4 =$

⑪ $\dfrac{2}{3} \times 0.81 =$

⑫ $\dfrac{3}{4} \times 3.68 =$

⑬ $\dfrac{5}{18} \times 2.16 =$

⑭ $\dfrac{13}{30} \times 1.92 =$

날짜	월 일
시간	분 초
오답 수	/ 14

B형

분수와 소수의 곱셈

★ 계산을 하시오.

① $0.7 \times \dfrac{8}{5} =$

② $0.84 \times \dfrac{10}{7} =$

③ $4.2 \times \dfrac{17}{12} =$

④ $2.19 \times \dfrac{25}{6} =$

⑤ $5.1 \times 2\dfrac{6}{17} =$

⑥ $0.63 \times 3\dfrac{1}{18} =$

⑦ $1.82 \times 2\dfrac{9}{28} =$

⑧ $\dfrac{13}{9} \times 0.2 =$

⑨ $\dfrac{16}{13} \times 0.65 =$

⑩ $\dfrac{11}{8} \times 2.8 =$

⑪ $\dfrac{28}{15} \times 3.25 =$

⑫ $2\dfrac{11}{12} \times 0.8 =$

⑬ $3\dfrac{5}{21} \times 0.45 =$

⑭ $3\dfrac{9}{25} \times 3.75 =$

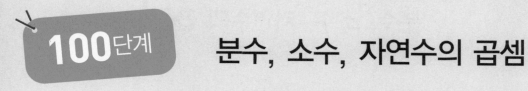

분수, 소수, 자연수의 곱셈

100단계

● 결과 기록지

① 1~5일차 학습에 걸린 시간을 각각 재서 그래프에 점을 찍습니다.

② 점과 점을 연결하여 기록의 변화를 확인합니다.

③ 오답 수를 세어 오답 수 칸에 씁니다.

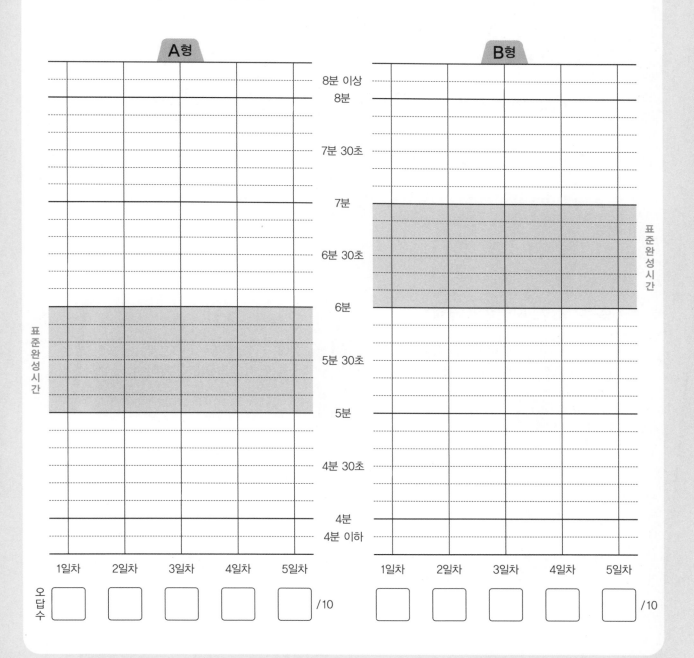

분수, 소수, 자연수의 곱셈

● **진분수, 소수, 자연수의 곱셈**

소수를 분모가 10, 100, 1000……인 분수로 고쳐서 두 분수와 자연수의 곱셈을 합니다. 계산 과정에서 약분이 되면 먼저 약분하여 계산하고, 계산 결과는 기약분수, 대분수로 나타냅니다.

보기

$$\frac{3}{8} \times 0.25 \times 10 = \frac{3}{8} \times \frac{25}{100} \times 10 = \frac{3 \times 5}{4 \times 4} = \frac{15}{16}$$

$$1.36 \times 7 \times \frac{5}{16} = \frac{136}{100} \times 7 \times \frac{5}{16} = \frac{17 \times 7}{20 \times 2} = \frac{119}{40} = 2\frac{39}{40}$$

● **대분수, 소수, 자연수의 곱셈**

소수를 분모가 10, 100, 1000……인 분수로 고치고, 대분수는 모두 가분수로 고쳐서 두 분수와 자연수의 곱셈을 합니다. 계산 과정에서 약분이 되면 먼저 약분하여 계산하고, 계산 결과는 기약분수, 대분수로 나타냅니다.

보기

$$6 \times 2.1 \times 1\frac{1}{14} = 6 \times \frac{21}{10} \times \frac{15}{14} = \frac{3 \times 3 \times 3}{2} = \frac{27}{2} = 13\frac{1}{2}$$

$$2\frac{11}{12} \times 3 \times 0.28 = \frac{35}{12} \times 3 \times \frac{28}{100} = \frac{7 \times 7}{20} = \frac{49}{20} = 2\frac{9}{20}$$

분수, 소수, 자연수의 곱셈

★ 계산을 하시오.

① $4 \times 0.4 \times \dfrac{3}{8} =$

⑥ $0.5 \times \dfrac{3}{4} \times 6 =$

② $\dfrac{4}{7} \times 5 \times 0.3 =$

⑦ $7 \times 0.6 \times \dfrac{5}{8} =$

③ $0.21 \times \dfrac{5}{6} \times 9 =$

⑧ $\dfrac{8}{9} \times 15 \times 0.42 =$

④ $\dfrac{3}{5} \times 0.35 \times 16 =$

⑨ $0.54 \times 8 \times \dfrac{7}{12} =$

⑤ $25 \times \dfrac{6}{11} \times 0.14 =$

⑩ $\dfrac{3}{14} \times 0.28 \times 12 =$

B형

날짜	월	일
시간	분	초
오답 수	/	10

분수, 소수, 자연수의 곱셈

★ 계산을 하시오.

① $2\dfrac{1}{2} \times 3 \times 0.7 =$

⑥ $8 \times 0.9 \times 3\dfrac{1}{3} =$

② $0.9 \times \dfrac{8}{3} \times 4 =$

⑦ $1\dfrac{3}{5} \times 6 \times 0.2 =$

③ $7 \times 1.2 \times 1\dfrac{1}{4} =$

⑧ $2.8 \times \dfrac{12}{7} \times 3 =$

④ $0.16 \times 2 \times \dfrac{15}{8} =$

⑨ $4\dfrac{1}{6} \times 0.32 \times 11 =$

⑤ $2\dfrac{2}{5} \times 0.45 \times 10 =$

⑩ $2 \times \dfrac{16}{13} \times 1.04 =$

분수, 소수, 자연수의 곱셈

★ 계산을 하시오.

① $0.8 \times \dfrac{1}{3} \times 5 =$

⑥ $\dfrac{5}{6} \times 9 \times 0.4 =$

② $6 \times 1.5 \times \dfrac{7}{9} =$

⑦ $0.7 \times \dfrac{7}{8} \times 12 =$

③ $\dfrac{3}{10} \times 8 \times 0.24 =$

⑧ $5 \times 1.8 \times \dfrac{3}{4} =$

④ $0.66 \times 9 \times \dfrac{8}{11} =$

⑨ $\dfrac{8}{15} \times 0.25 \times 6 =$

⑤ $\dfrac{12}{17} \times 0.75 \times 4 =$

⑩ $1.44 \times 7 \times \dfrac{5}{6} =$

분수, 소수, 자연수의 곱셈

★ 계산을 하시오.

① $4 \times 0.5 \times 2\dfrac{2}{3} =$

⑥ $0.6 \times \dfrac{10}{9} \times 6 =$

② $1\dfrac{5}{6} \times 5 \times 0.3 =$

⑦ $7 \times 0.9 \times 2\dfrac{1}{7} =$

③ $1.6 \times \dfrac{13}{8} \times 6 =$

⑧ $2\dfrac{2}{5} \times 2 \times 1.5 =$

④ $\dfrac{9}{4} \times 1.8 \times 3 =$

⑨ $0.45 \times 8 \times 1\dfrac{3}{10} =$

⑤ $11 \times 1\dfrac{3}{17} \times 0.51 =$

⑩ $\dfrac{14}{11} \times 1.43 \times 15 =$

3일차

분수, 소수, 자연수의 곱셈

● 표준완성시간 : 5~6분

날짜	월	일
시간	분	초
오답 수	/	10

A형

★ 계산을 하시오.

① $\dfrac{1}{7} \times 4 \times 0.9 =$

⑥ $3 \times 1.1 \times \dfrac{4}{9} =$

② $4.4 \times \dfrac{2}{11} \times 8 =$

⑦ $\dfrac{7}{15} \times 40 \times 0.5 =$

③ $7 \times 0.72 \times \dfrac{7}{8} =$

⑧ $0.27 \times \dfrac{5}{12} \times 10 =$

④ $0.56 \times 12 \times \dfrac{13}{24} =$

⑨ $\dfrac{9}{22} \times 0.26 \times 11 =$

⑤ $\dfrac{8}{35} \times 1.25 \times 14 =$

⑩ $9 \times \dfrac{3}{28} \times 2.24 =$

B형

날짜	월	일
시간	분	초
오답 수	/	10

분수, 소수, 자연수의 곱셈

★ 계산을 하시오.

① $1.2 \times \dfrac{9}{8} \times 2 =$

⑥ $2\dfrac{1}{4} \times 5 \times 0.8 =$

② $13 \times 0.6 \times 2\dfrac{2}{9} =$

⑦ $2.5 \times \dfrac{13}{10} \times 12 =$

③ $2\dfrac{3}{11} \times 9 \times 0.33 =$

⑧ $14 \times 0.47 \times 2\dfrac{6}{7} =$

④ $0.84 \times 6 \times 1\dfrac{11}{24} =$

⑨ $\dfrac{26}{21} \times 0.35 \times 15 =$

⑤ $\dfrac{21}{16} \times 1.92 \times 10 =$

⑩ $2.07 \times 7 \times 1\dfrac{7}{18} =$

4일차

분수, 소수, 자연수의 곱셈

●표준완성시간 : 5~6분

날짜	월	일
시간	분	초
오답 수	/	10

A형

★ 계산을 하시오.

① $7 \times 3.5 \times \dfrac{2}{5} =$

⑥ $0.6 \times \dfrac{5}{8} \times 13 =$

② $\dfrac{7}{10} \times 9 \times 0.4 =$

⑦ $4 \times 2.4 \times \dfrac{8}{9} =$

③ $6.3 \times \dfrac{3}{14} \times 6 =$

⑧ $\dfrac{6}{7} \times 13 \times 0.42 =$

④ $\dfrac{9}{26} \times 0.65 \times 8 =$

⑨ $0.49 \times 20 \times \dfrac{16}{21} =$

⑤ $35 \times \dfrac{7}{24} \times 1.92 =$

⑩ $\dfrac{10}{27} \times 3.15 \times 11 =$

B형

날짜	월	일
시간	분	초
오답 수	/	10

분수, 소수, 자연수의 곱셈

★ 계산을 하시오.

① $2\dfrac{1}{5} \times 4 \times 0.3 =$

⑥ $2 \times 1.8 \times 4\dfrac{1}{6} =$

② $4.2 \times \dfrac{7}{6} \times 5 =$

⑦ $3\dfrac{3}{4} \times 11 \times 0.2 =$

③ $7 \times 0.39 \times 3\dfrac{8}{9} =$

⑧ $0.19 \times \dfrac{24}{11} \times 10 =$

④ $0.55 \times \dfrac{27}{22} \times 9 =$

⑨ $2\dfrac{6}{25} \times 0.15 \times 6 =$

⑤ $3\dfrac{3}{14} \times 1.05 \times 8 =$

⑩ $3 \times 1\dfrac{7}{38} \times 2.47 =$

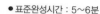
분수, 소수, 자연수의 곱셈

★ 계산을 하시오.

① $0.3 \times \dfrac{5}{6} \times 17 =$

⑥ $\dfrac{2}{3} \times 5 \times 2.7 =$

② $9 \times 1.8 \times \dfrac{7}{12} =$

⑦ $0.8 \times \dfrac{9}{10} \times 7 =$

③ $\dfrac{15}{17} \times 14 \times 0.51 =$

⑧ $13 \times 4.5 \times \dfrac{11}{18} =$

④ $0.45 \times 6 \times \dfrac{12}{25} =$

⑨ $\dfrac{16}{45} \times 0.72 \times 30 =$

⑤ $\dfrac{15}{26} \times 1.43 \times 18 =$

⑩ $2.38 \times 11 \times \dfrac{9}{34} =$

분수, 소수, 자연수의 곱셈

★ 계산을 하시오.

① $5 \times 2.8 \times 1\frac{3}{8} =$

⑥ $0.4 \times 2\frac{1}{7} \times 9 =$

② $2\frac{2}{5} \times 10 \times 0.7 =$

⑦ $3 \times 1.8 \times \frac{25}{6} =$

③ $0.35 \times \frac{17}{14} \times 5 =$

⑧ $1\frac{7}{12} \times 14 \times 0.36 =$

④ $1\frac{5}{28} \times 0.84 \times 25 =$

⑨ $0.63 \times 4 \times \frac{32}{27} =$

⑤ $3 \times \frac{38}{35} \times 2.45 =$

⑩ $2\frac{7}{34} \times 1.53 \times 7 =$

10권 분수와 소수의 곱셈

종료테스트

20문항 / 표준완성시간 6~7분

실시 방법

❶ 먼저, 이름, 실시 연월일을 씁니다.

❷ 스톱워치를 켜서 시간을 정확히 재면서 문제를 풀고,
   문제를 다 푸는 데 걸린 시간을 씁니다.

❸ 가능하면 표준완성시간 내에 풉니다.

❹ 다 풀고 난 후 채점을 하고, 오답 수를 기록합니다.

❺ 마지막 장에 있는 종료테스트 학습능력평가표에 V표시를
   하면서 학생의 전반적인 학습 상태를 점검합니다.

이름	
실시 연월일	년 월 일
걸린 시간	분 초
오답 수	/ 20

★ 계산하여 기약분수로 나타내시오.

① $1\dfrac{5}{9} \times 12 =$

② $36 \times \dfrac{8}{45} =$

③ $\dfrac{5}{8} \times \dfrac{6}{25} =$

④ $\dfrac{20}{21} \times \dfrac{7}{12} =$

⑤ $\dfrac{5}{8} \times 1\dfrac{1}{15} =$

⑥ $2\dfrac{1}{4} \times 3\dfrac{1}{3} =$

⑦ $\dfrac{7}{10} \times \dfrac{5}{6} \times \dfrac{3}{8} =$

⑧ $\dfrac{1}{4} \times 2 \times 2\dfrac{1}{3} =$

★ 분수를 소수로, 소수를 분수로 나타내시오.

⑨ $\dfrac{15}{8} =$

⑩ $4.28 =$

★ 계산을 하시오.

⑪ $4.5 \times 3 =$

⑫ $15 \times 0.16 =$

⑬ $0.45 \times 0.9 =$

⑭ $0.07 \times 0.63 =$

⑮ $1.5 \times 5.4 =$

⑯ $2.08 \times 13.7 =$

⑰ $5.6 \times \dfrac{5}{12} =$

⑱ $6\dfrac{1}{4} \times 0.38 =$

⑲ $0.28 \times \dfrac{4}{7} \times 10 =$

⑳ $5\dfrac{1}{3} \times 9 \times 4.5 =$

≫ 10권 종료테스트 정답

① $18\frac{2}{3}$ ② $6\frac{2}{5}$ ③ $\frac{3}{20}$ ④ $\frac{5}{9}$

⑤ $\frac{2}{3}$ ⑥ $7\frac{1}{2}$ ⑦ $\frac{7}{32}$ ⑧ $1\frac{1}{6}$

⑨ 1.875 ⑩ $4\frac{7}{25}$ ⑪ 13.5 ⑫ 2.4

⑬ 0.405 ⑭ 0.0441 ⑮ 8.1 ⑯ 28.496

⑰ $2\frac{1}{3}$ ⑱ $2\frac{3}{8}$(2.375) ⑲ $1\frac{3}{5}$

⑳ 216

≫ 종료테스트 학습능력평가표

10권은?

학습 방법	☐ 매일매일	☐ 가끔	☐ 한꺼번에	– 하였습니다.
학습 태도	☐ 스스로 잘	☐ 시켜서 억지로		– 하였습니다.
학습 흥미	☐ 재미있게	☐ 싫증내며		– 하였습니다.
교재 내용	☐ 적합하다고	☐ 어렵다고	☐ 쉽다고	– 하였습니다.

	평가	☐ A등급(매우 잘함)	☐ B등급(잘함)	☐ C등급(보통)	☐ D등급(부족함)
평가 기준	오답 수	0~2	3~4	5~6	7~

• A, B등급 : 다음 교재를 바로 시작하세요.
• C등급 : 틀린 부분을 다시 한번 더 공부한 후, 다음 교재를 시작하세요.
• D등급 : 본 교재를 다시 복습한 후, 다음 교재를 시작하세요.